# 決戰時尚設計伸展臺

全球時尚產業的靈感工場

海威爾‧戴維斯 Hywel Davies：著

呂奕欣：譯

# 推薦序
# FOREWORD

我一直相信，從一個人的生活方式、喜歡的事物，就可以看出此人的眼光好壞，這種感受與設計工作密切相關。培養好眼光，需要多觀察、多欣賞，讓自己的感受力更爲敏銳。接觸設計工作二十餘年間，我經常透過拍照、收集圖片、寫下內在的對話，並經由許多的觀察，得到眾多的靈感，這些靈感即是我新 idea 的泉源，而速寫本記錄並貯存了這些點點滴滴。

工欲善其事必先利其器，速寫本可將設計師來自於內心深處的強烈直覺與想法，發展成清楚的意念，它是概念的溫床，促進設計師感知能力的重要推手。

本書《決戰時尚設計伸展臺》探究國際知名時尚產業設計師的創作過程，如何從無到有，從虛到實，從工作桌到伸展臺，透過本書，你可以了解設計師如何靈感激盪、設計發想、具體構思，讓飄渺不定的創意過程順利完成，讓懷抱的熱情和動力能夠實踐。

我誠摯地推薦，造就美麗的研究筆記《決戰時尚設計伸展臺》一書給大家，藉著此書的珍貴素材、靈感照片、設計草圖、格調展示等第一手資料，認識這些重量級設計師的內心想法、生活與創意，及私下平易近人的可愛一面。

台灣大力推動文化創意產業，希望透過設計、創新來帶動產業及產品升級，在創新的過程中，懂得站在巨人的肩膀上放大自己的視野，從中汲取養分，相信其創新之路將更寬廣，更扎實。

**亞洲大學時尚設計學系主任、時尚設計師 林青玫**
2012.07.16 於澳洲布里斯本

引言

# INTRODUCTION

《決戰時尚設計伸展臺》探索的主題，是當代時尚從業人員的創意過程。對設計師來說，速寫本是隨身物品，能記錄研究，發揮輔助研究的效果，進而支持設計的發展，傳達出新穎的時尚概念。速寫本不只是繪圖工具，更能妥善保存五花八門的素材，啓發設計師最初的服裝構想，並給予養分，使之轉化爲最終概念。

時尚設計師的創意過程不會依循一套慣例或固定的途徑。每個設計師有自己的方式與特質，這會決定他們的工作過程。《決戰時尚設計伸展臺》要彰顯的，就是設計師如何將平面的想法轉化爲立體成果。從概念到完成、從最初的靈感到伸展臺上展出的服裝系列，都會在獨一無二、創意十足的精彩速寫本中反映出來。約翰·加里亞諾（John Galliano）認爲，要展開設計的過程，「最重要的就是好奇心。」他說：「我認爲一定要有好奇心，而且有勇氣堅持自己的信念。我會先做研究，從中找出靈感、想法來說故事，進而建立起一個角色、造型，最後發展成一整個系列。」加里亞諾是敘事專家，說故事是他的強項。他尋找靈感的足跡遍布全球，並造就了美麗的研究筆記。他相信，創意過程和作品的本質密不可分。

彼德·詹森（Peter Jensen）表示：「我向來喜歡爲每一系列的作品賦予故事。」他用速寫本來發展每一季系列的虛構角色，或用來思考。理查·尼考爾（Richard Nicoll）也強調研究的價值：「研究非常重要，能夠界定並反映出每一系列的主題。」德瑞克·沃克（Deryck Walker）則如此描述自己對研究的觀點：「可以是一個字、一張或二十張圖片，總之是任何能開啓你的思考、打動你內心的東西。」品牌高田賢三（Kenzo）的前藝術總監安東尼奧·馬拉斯（Antonio Marras）相信，靈感可以來自各處：「我需要許多東西來滋養靈感，例如物品、影像、故事與一塊塊的布。我得不停觀看新的東西與地點，認識新朋友，傾聽他們說話。」馬修·威廉森（Matthew Williamson）說：「我的靈感來自任何地方。身爲設計師，必須對新想法保持開放態度。我在中央聖馬丁學院（Central Saint Martins）的訓練，教我將靈感彙整，發展成清楚的意念，並從這裡展開研究。」

安卓亞斯·克隆賽勒（Andreas Kronthaler）是品牌薇薇安魏斯伍德（Vivienne Westwood）的創意總監，他認爲靈感是日常生活中重要的一部分。「我是很講究視覺的人。尋找靈感的過程可能牽涉到一部文學作品、一張照片或圖畫；這些東西全都能帶來影響。然而，我不會刻意出門尋找。靈感俯拾即是，而我的作品是不斷發展的，因此一個想法可能會經過不斷提煉而延伸好幾季。」

「任何東西、一切事物」也啓發了哈密許·莫若（Hamish Morrow）：「在激發創意的過程中，沒有什麼特別神聖。最美好的部分是一開始能夢想出一個系列，之後再落實到紙張上。最辛苦的部分則是將它轉化爲眞實之物，並完美執行。」

葛雷姆‧布萊克（Graeme Black）也喜歡一個系列剛開始萌芽的時刻：「一切看起來充滿可能。每個新系列就像新的開始，那種心中冒出一個點子的興奮感，令人心滿意足。」

艾特‧索洛普（Aitor Throup）則表示，研究的精髓在於：「你不覺得自己在做研究，而是在接觸有興趣、或能在某方面啓發你的事物。」

安東尼奧‧楚托（Antonio Ciutto）則提醒：「創意沒有固定時間表，該來就會來，不出現也勉強不得。」堤姆‧索爾（Tim Soar）則將創意過程視爲淨化的出口：「我認爲許多設計師是不得不爲。這不表示設計過程不愉快，但也不一定絕對樂在其中。我只是在服從我的習慣，而這個習慣剛好就是做設計。」德賴斯‧范諾頓（Dries Van Noten）則將持續追求創意視爲一種興奮劑：「多多少少像在吸毒。」

「靈感最先來自於內心深處的強烈直覺與想法。」紐約設計雙人組德奇布朗（Duckie Brown）表示：「我們對自己要做些什麼有很強的感覺，之後就照著進行。這是世界上最美好、最可怕也最刺激的過程，有時候不費吹灰之力，但有時只是在做苦工。」

速寫本是研究創意概念，並探索這些概念、解決其中問題的工具。本書探究設計師如何設計、發想，接下來又須經過哪些過程才能實踐目標。另外還調查了設計師何時最多產，採用哪些用具，讓飄忽不定的創意過程可以更輕鬆度過。「人笨怪刀鈍。」范諾頓說：「與其怪罪用具，不如說是心態的問題。」其他設計師則會採用某些工具來做設計，從特殊的鉛筆到特定用紙都包括在內。

慣例與儀式亦爲創意過程的一部分。許多設計師提到他們喜歡在夜闌人靜時做設計。索洛普表示：「我在夜間最能感受到一股創作力。我喜歡感覺到自己是最後一個還醒著的人，這時的思緒比較清楚，我也覺得比較平靜。」卡羅拉‧歐拉（Carola Euler）也提出相同觀點：「所有的事情都是在夜晚發生。我不知道有誰能在其他時間提出創意。」

設計師認爲設計工作室是其活動的核心、基地與聖殿。然而，飛機、火車與旅館房間通常才是他們真正的工作環境，因此速寫本成爲一個可以仰賴的工具，供他們將自己的時裝想法收集起來，並加以發展。速寫本是概念的溫床，能促進設計師的感知能力，提供能讓他們選擇、修改與重提概念的環境。無論是初期的筆記、塗鴉、拼貼、照片、設計圖、試衣（toile work）、連續圖、布樣或插圖，設計師都是靠著速寫本這個媒介來傳達靈感，培養大膽的新想法。

速寫本是私密的空間，讓設計師處理在藝術上尙不嚴謹、仍須進一步解決的觀念，也是時裝進入現實世界的最終空間。《決戰時尚設計伸展臺》所強調的，就是設計過程和最後的服裝成果同樣有啓發性、變化多端，而且能帶來刺激。本書將以獨特的方式，讓人一窺當代時尚設計師的內心想法、生活與創意。

**在你們的工作過程中，研究有何重要性？**

我們每一季或每一系列的作品，都經過研究才確立。首先是先確認我們要推出新的系列了，之後納入這個系列領域的所有事物，都將成為研究的一部分。因此在這個階段，我會讓自己沉浸在對新一季來說夠「貼切」的事物中，包括好書、好電影與好圖像。

**一天中有沒有哪個時段，讓你最能發揮創意？**

創意沒有固定時間表，該來就會來，不出現也勉強不得。

**你們如何描述自己的設計過程？**

每一季各不相同。可能是流動不羈、講究實效、混亂不堪或有條有理，但絕不是線性的。我們總在追求尚未實現的目標。

# 6⅞
# (SIX AND SEVEN EIGHTHS)

安東尼奧‧楚托（**Antonio Ciutto**）與大衛‧瓦依托維奇（**David Wojtowycz**）在 **2006** 年共同創辦了品牌 **6⅞**（「六又八分之七」）。楚托出生於南非，在進入倫敦中央聖馬丁藝術設計學院取得時裝設計碩士學位之前，曾研讀建築。瓦依托維奇是烏克蘭人，在倫敦大學金匠學院（**Goldsmiths**）唸美術系，接著成為童書插畫家。**6⅞** 不拘泥於任何概念或設計哲學，而是專注於技術、研究與打版，為服裝設計提出富戲劇性的激進概念。

**是否有什麼靈感來源，總會讓你一再探究？**

我向來會去博物館檔案室找一些經典的服裝系列來看，也會反覆研究我心中歷久彌新的時裝大師，包括維奧尼（Vionnet）、查爾斯‧詹姆斯（Charles James）、巴黎世家（Balenciaga）與迪奧（Dior）。每當我覺得茫然，就回頭去看看他們的設計。通常會引起我興趣的是版型與結構。我不是只對表面有興趣，而是設法從他們的觀點來理解。

**依你的工作方式，有沒有什麼用具是不可或缺的？**

其實就是在我周圍的一切。我常常搞丟文具，即使原本就放在手邊而已，因此通常我把所有東西在工作室裡到處擺了好幾份。我常把突然冒出的版型概念畫在紙上，所以手邊一定要有剪刀、捲尺、紙膠帶、速寫本與筆記本。我總是需要快速畫出草圖，向裁縫師與工作人員說明一些事。

**你的設計流程中，是否有任何例行程序？**

設計有別於生產或製造，對我而言是很冗長的過程。我曾經花了三週的時間設計肩縫，最後卻無法實現。有時我會請別人協助，以求客觀看待自己的繪圖，有時要看穿繪圖真正的模樣、意義或內涵，實在不容易。

**你最享受設計的哪一個部分？**

雖然我喜歡實體的成果，但最有興趣的卻是從無到有的過程。有時最有意思的反而是「迷惘」的時刻。

**什麼會激發你的設計構想？**

我從不會只對視覺或表面的事物有興趣，而是會關注某件事物背後的創造過程。

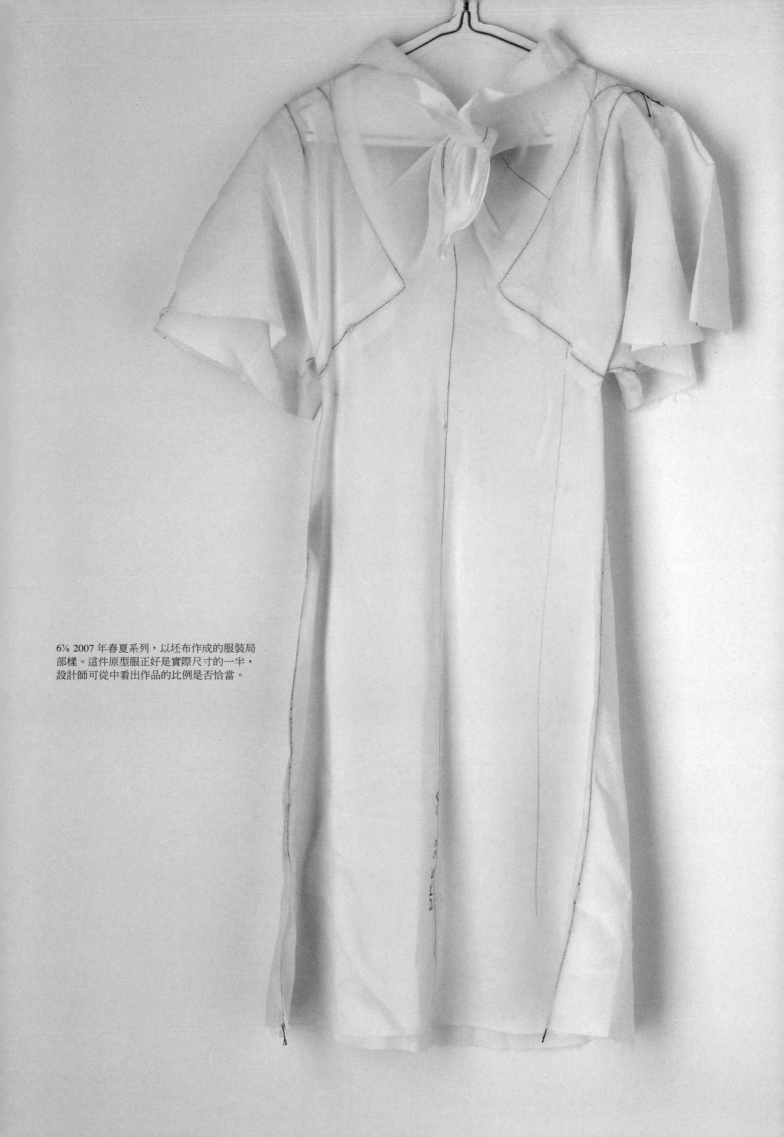

6% 2007 年春夏系列，以坯布作成的服裝局部樣。這件原型服正好是實際尺寸的一半，設計師可從中看出作品的比例是否恰當。

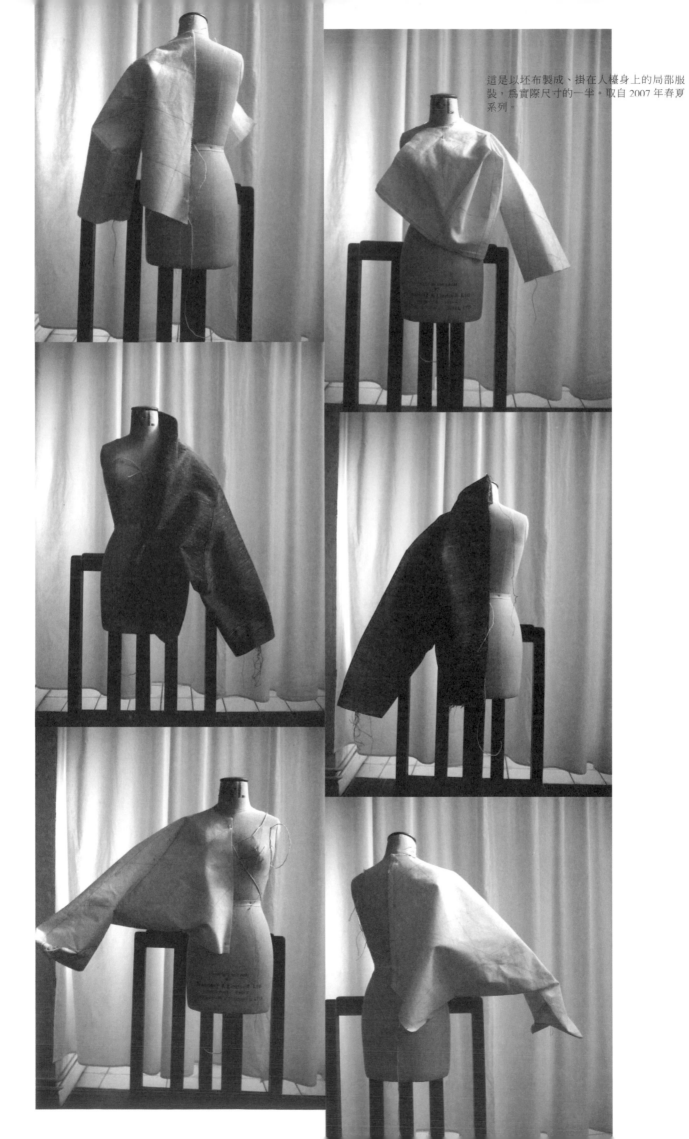

這是以坯布製成、掛在人模身上的局部服
裝，爲實際尺寸的一半。取自 2007 年春夏
系列。

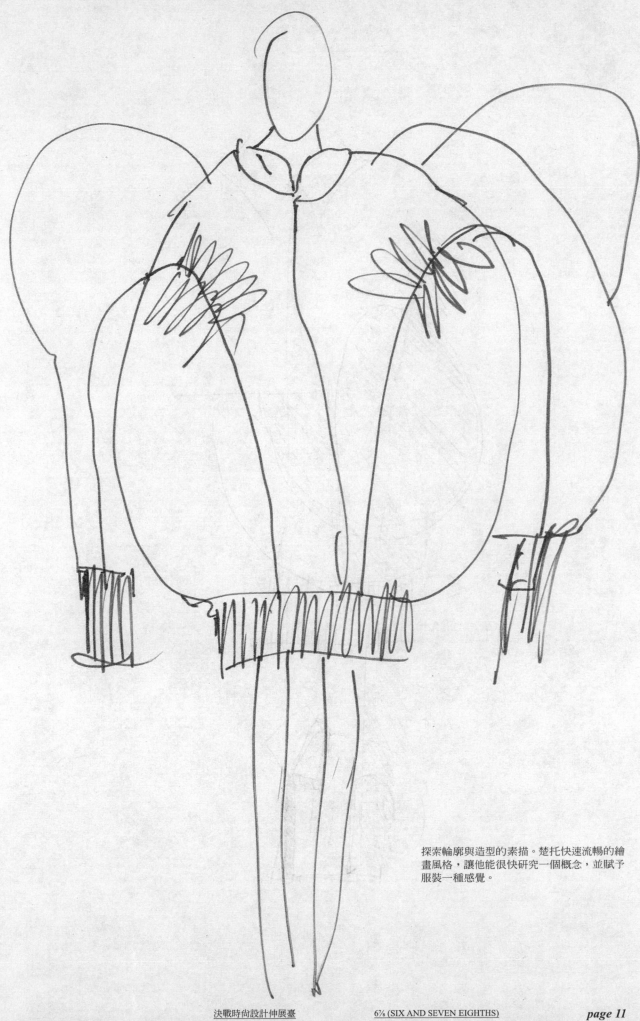

探索輪廓與造型的素描。楚托快速流暢的繪畫風格，讓他能很快研究一個概念，並賦予服裝一種感覺。

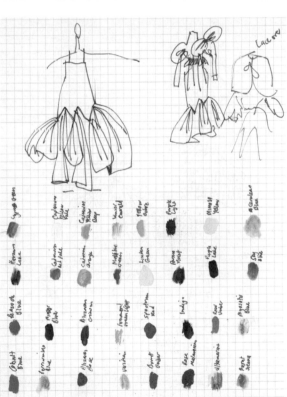

楚托速寫本的連續繪圖頁面，雖然不屬於某特定一季，但能顯現出設計師對衣服造型與輪廓的探索。而小塊色樣可以看出設計師在研究服裝的顏色。

KNITWEAR
INSETS –
LACE RIBBON
PLEATING

**妳的設計流程中，是否有例行的程序？**

整體過程也許有類似模式，但這個過程只是呈現我研究的方式。至於我的想法則是不停發展，我也會強迫自己隨時對過程提出質疑。

**對妳而言，在什麼樣的環境下工作最好？**

父母家的餐廳。我並未與他們同住，但是在那裡卻覺得很放鬆，因此最好的拼貼作品往往是在那兒構思出來的。父母是我最好的朋友，我在工作時能隨時找他們陪伴，也能暫時逃離工作室響個不停的電話！

**妳最享受設計的哪一個部分？**

知道自己將推動某件事時最令人興奮，但其實設計過程中的每個層面，我都樂在其中。有時候，我覺得工作上要更懂得與人交際，但如果隨時隨地都必須跟許多人互動，我還能達成什麼目標或專心工作嗎？

# AIMEE McWILLIAMS

艾美·麥克威廉絲（Aimee McWilliams）在 2004 年倫敦時裝週，以 2004/05 秋冬系列初試啼聲，闡述她對時裝的現代處理手法，當時她才剛從中央聖馬丁學院畢業一年。麥克威廉絲以具前瞻性的服裝設計手法聞名，透過創意十足的打版、富想像力的布料應用，打造出前衛的服飾。她成功兼顧設計師、插畫家與造型師等多重身分，是時尚產業的全方位人才。2006 年，麥克威廉絲獲得「蘇格蘭年度設計師」提名，肯定了她的原創性。

www.aimeemcwilliams.com

**在妳的工作過程中，研究有何重要性？**

研究是持續進行的。我在展開一項計畫之前不一定會刻意研究什麼，因為研究是我一直以某種方式在進行的事。

**依妳的工作方式，有沒有什麼用具是不可或缺的？**

我要有色彩正確的紙張來呈現我的研究，還要用到描圖紙與自動鉛筆。

**妳的研究與設計如何從平面轉變為立體？**

在開始打版前，我就會盡量讓平面的設計接近立體成品，但我也明白過程當中的每個階段，都是在設計與研究。有時候透過打版會出現很棒的新造型，而透過三度空間的探索，也會出現全新的設計。

**妳如何描述自己的設計過程？**

我喜歡自由地探索新想法，在明確的主題下也要保有不確定性。因此，我的設計過程比較像是我以自己的方式做研究，再綜合起來所產生的概念成果。除了想法之外，私密的內在對話也是我設計過程中重要的一環。我會拍照，收集圖片，寫下內在的對話，並嘗試以新的方式放開一切、探索、節制與改進。

**什麼會激發妳的設計構想？**

一九六○年代與七○年代初期的晦澀電影。我常常拍下螢幕的定格畫面來玩東玩西。

**一天中有沒有哪個時段，讓妳特別有創意？**

沒有，我隨時能發揮創意。但如果睡眠不足，就會思慮不清。

這一張由麥克威廉絲製作的拼貼，啓發了她 2006/07 年秋冬系列所展示的一件黑色連身洋裝，並由英國名模莉莉·科爾（Lily Cole）穿著拍照，登上義大利版的《Vogue》雜誌。該洋裝採用大量垂褶絲綢的做法，就是從這張拼貼演變而來。

do in negative.
x2

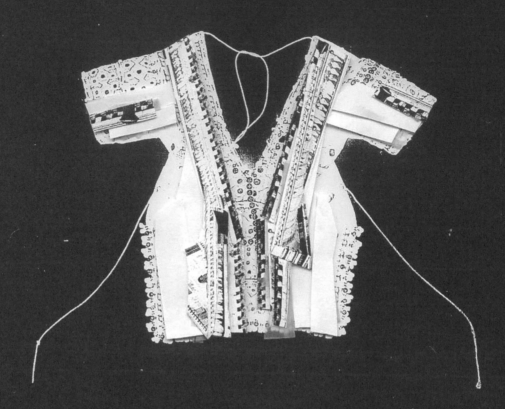

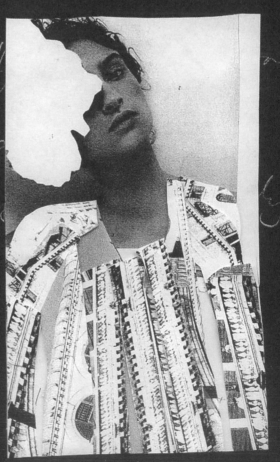

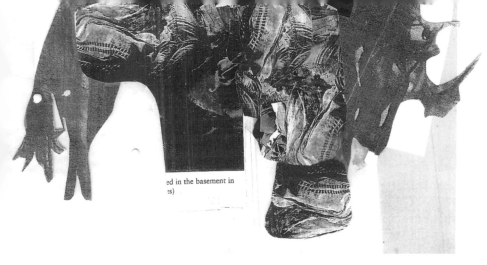

ed in the basement in
:s)

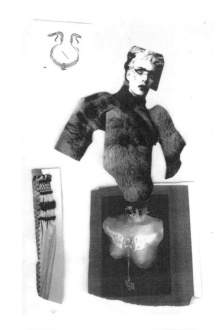

1 本圖選自 2007 年春夏裝作品，正可說明麥克威廉絲的拼貼之作和實際服裝之間的直接關聯。「我常用拼貼，這通常只是開始素描與設計的起點。但這一回，答案就這樣出現了。」

2 設計師這幅 2004 年春夏裝的拼貼，持續成為後來更多系列的參考。

3 麥克威廉絲在 2007/08 年秋冬系列，依然以拼貼傳達其精神。她解釋：「我是用這張圖片來設計，反覆琢磨一個概念。」

4 這張圖片啟發了 2007/08 年秋冬系列的皮草。「我把皮草染成漂亮的焦糖黃，而外層護毛則全部保留黑色，正如這張圖片給我的靈感。我當時接受委託，製作一件緊身上衣，靈感也是來自這張圖。」

5 2006 年春夏裝外套的靈感拼貼。

## 在你的工作過程中，研究有何重要性？

我認為我的作品本身就是研究過程。從某方面來說，我的生活也成為研究過程。我無法完全投入傳統的「線性」研究過程；那種方式要先有個「前奏」，收集資訊，之後修修改改，從中啟發一個方向。近來我試著以自己的方式替代傳統做法，應用到現有的設計根源或核心，以便進一步啟發我的作品。然而整體而言，通常我是透過說故事與插畫，提出新的問題解決方案。而經過探索與實驗過程之後的成果就是產品，也是最終設計。

## 一天中有沒有哪個時段，讓你特別有創意？

絕對是晚上。每回知道街道安靜下來、大家都上床睡覺後，我總是能感受到一股創作力；我喜歡感覺自己是最後一個還醒著的人，這時的思緒比較清楚，我也覺得比較平靜。

## 依你的工作方式，有沒有什麼用具是不可或缺的？

H、HB 與 2B 鉛筆、好的橡皮擦、攜帶式水彩組搭配能控制水量的水彩紙、基本的比克（Bic）紅色與黑色原子筆、好的紙張／速寫本（質感適中、米白色、比圖畫紙厚但比水彩紙薄）、黏土或石膏、服裝打版紙、打版輪（pattern master）、布料、紙膠帶、別針與縫紉機。

## 當你知道一項設計可行，是否會感受到「靈光乍現」的一刻？

由於我的設計過程偏重概念，而不是流行風潮，以至於過去有時會走到頗為驚險的境地，根本不知道那些主要服裝到底會是什麼模樣，直到走秀前一晚才看得出來。許多時候，要等概念完全「解決」，作品才算是「設計好」，這表示有時得不停地解決一個概念，到呈現在觀眾眼前的那一刻才能罷手。所以，我想就算歷經了「靈光乍現」的一刻，也不代表能鬆一口氣。

# AITOR THROUP

艾特‧索洛普（Aitor Throup）出生於 1980 年，父母為阿根廷人。2006 年，索洛普自倫敦皇家藝術學院（Royal College of Art）畢業。在畢業之前，他已獲得茵寶（Umbro）、福神（Evisu）與李維（Levi's）等品牌頒發的獎項，而畢業展製作的男裝系列更榮獲「ITS#FIVE」（第五屆國際新秀設計大賽〔International Talent Support〕）時裝獎，為索洛普奠立了創新男裝設計師的名聲。

www.aitorthroup.com

## 你最享受設計的哪一個部分？

在研究過程中最享受、最有價值的部分是你不覺得自己在做研究，而是在接觸有興趣、或能在某方面啟發你的事物。於是對我來說，過程就變成在破解意義。

## 你如何描述自己的設計過程？

透過繪圖、雕塑與服裝來探索，以找出新的解決方案，並發明新的東西。我的設計過程有 50% 是找出特有情境下的獨特問題，另外 50% 則是尋求解決這些問題的獨特方式。拒絕為最終作品設下美學限制，對我是一個值得玩味的概念。我的設計過程通常講究過程本身，而不是產品。我喜歡確確實實地經歷設計過程，這樣才可能發現原本意想不到的結果。只要過程、故事或概念有道理，最後的成果就會是美好的，或至少是有趣的。

## 是否有什麼讓你一再探究的靈感來源？

當然有。一旦發現有什麼東西確實能啟發我，我就會沉迷其中，絕不放手；那些東西似乎總是禁得起時間考驗。我不可能讓某件事物啟發了三個月，之後就棄之不顧。我對於靈感來源非常忠誠。舉例而言，在我開始學習「時裝」之後，有兩本書一直是我的靈感來源：畫家菲爾‧海爾（Phil Hale）的《刺激：海爾的多種情緒》（*Goad: The Many Moods of Phil Hale*）與克里斯‧衛爾（Chris Ware）的《吉米‧科瑞根——地球上最聰明的小子》（*Jimmy Corrigan: The Smartest Kid on Earth*）。他倆都是舉世無雙的天才，找到了定義明晰、又富個人色彩的傳達方式。每次拿起這兩本書，我依然獲益良多。我也向達文西、迪特‧拉姆斯（Dieter Rams，德國工業設計師）、史布琳‧赫柏特（Spring Hurlbut，加拿大藝術家）、貝琳德‧德布魯克（Berlinde De Bruyckere，比利時藝術家）等人學了不少。

BOX
~~BAG~~ INCORPORATING ↓
=WATERPROOF JACKET

ⓐ

OR

① ② Jacket is attached to box bag ③

moulded-up sculpture of musician in 'playing' pose (inc. instrument)

1 | 2

1 繪畫是蔡洛器的設計過程中不可或缺的
一部分，此頁為 2008 年「紐奧良葬禮第
二部」（The Funeral of New Orleans, Part
Two）服裝系列的初步草圖，可以看出他
如何透過技術繪圖來探索設計。

2 「紐奧良葬禮第一部」（The Funeral of
New Orleans, Part One）的草圖，該系列
在 2007 年倫敦時裝週的「男人」（MAN）
展示活動發表。

1　為 C. P. Company 二十週年的護目鏡外套
　　（Goggle Jacket）繪製的連衣帽設計草
　　圖，以及長褲水彩草圖。在索洛普的許
　　多繪圖中，人物是處於行動的狀態，為
　　他的服裝賦予一種立體的特質。

2,3　蘇沙低音號結構圖的平面與立體研究，
　　日後演變為 2007 年「紐奧良葬禮第一
　　部」服裝系列的一部分。

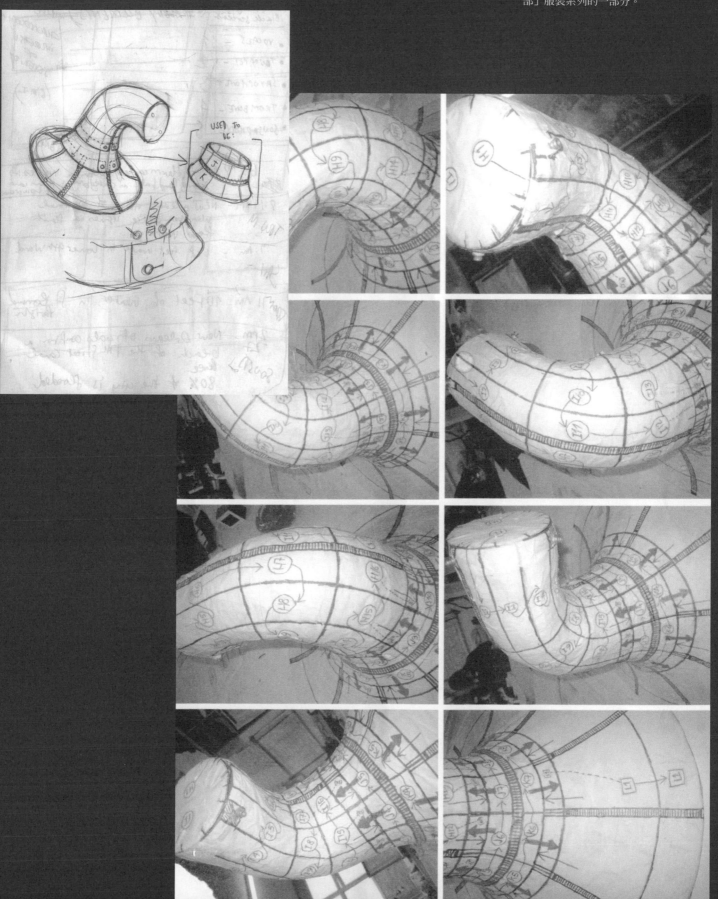

1 襯衫與肩部的繪圖，用來探索細部，2007 年。

2 英國品牌 Topman 的「黑長褲計畫」初步草圖，2008 年 6 月。

3 為義大利品牌 Stone Island 的「關節剖析」（Articulated Anatomy）長褲所繪製的設計草圖，2008 年 3 月。

4 索洛普私人速寫本中的頁面，顯示設計師會透過動態的角色來探討服裝與配件。

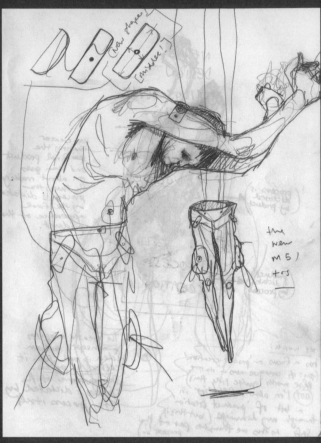

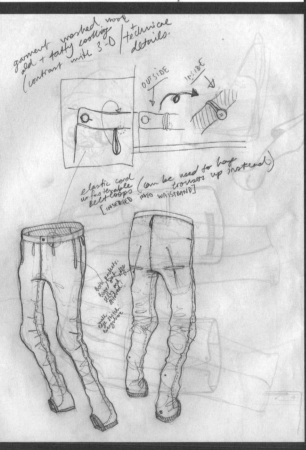

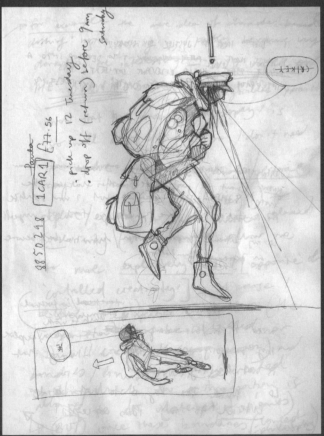

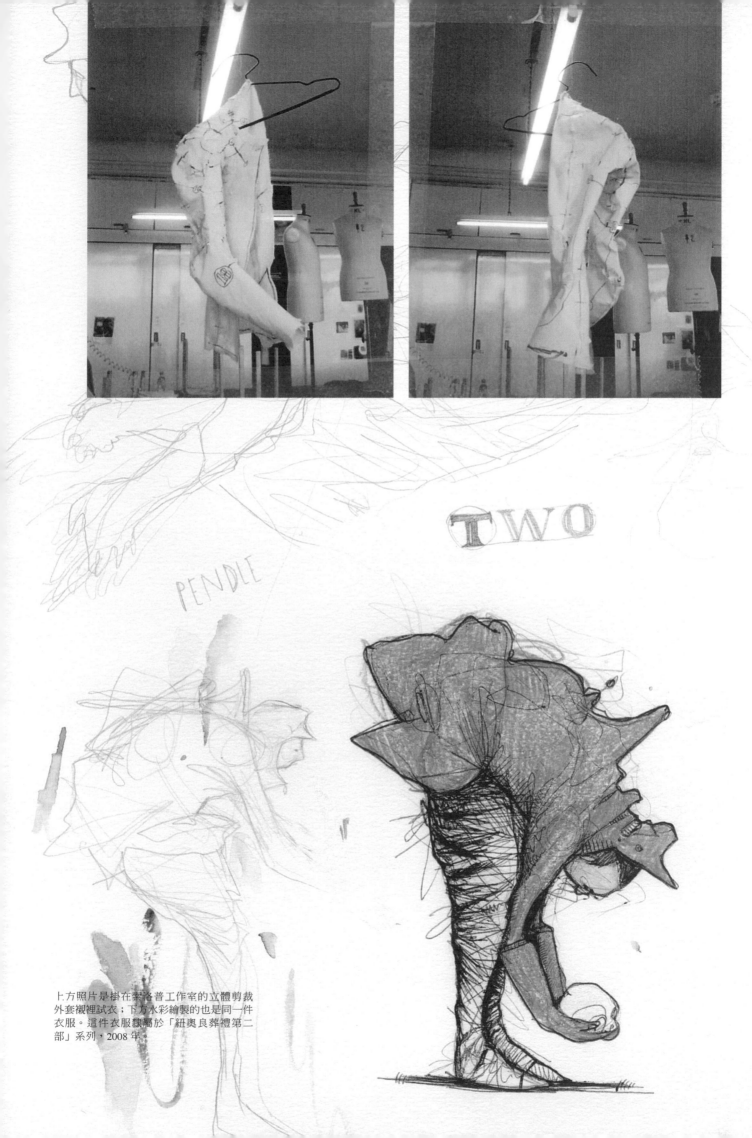

上方照片是掛在索洛普工作室的立體剪裁
外套襯裡試衣；下方水彩繪製的也是同一件
衣服。這件衣服隸屬於「紐奧良葬禮第二
部」系列，2008 年

**妳最享受設計的哪一個部分？**

尋找來源、遊戲與實驗。由於我的想法很多，選擇幾乎無窮無盡，因此最困難的部分反而是加以編修。

**妳的設計過程是否會運用到攝影、繪畫或閱讀？**

我的設計過程會大量運用攝影和素描，我一定隨身攜帶照相機與速寫本。少了這兩種工具，我每年的七個系列將無法連貫。

**妳如何描述自己的設計過程？**

個人、有機、流動、兼容並蓄。

# ALICE TEMPERLEY

艾莉絲・坦波麗（**Alice Temperly**）先就讀倫敦中央聖馬丁學院，接著進入皇家藝術學院，攻讀織品科技與印花碩士學位。在 **2000** 年的倫敦時裝週，她以品牌「坦波麗倫敦」（**Temperley London**）初試啼聲，成為獨具魅力、手工精緻與布料精美的代名詞。坦波麗第一家時裝精品店 **2002** 年在倫敦諾丁丘（**Notting Hill**）開幕，並於紐約、洛杉磯與杜拜設立獨立的分店。她一年推出七個系列，包括成衣、婚紗、配件與黑標（晚禮服系列）。布料是坦波麗的強項，她以印花、刺繡與一絲不苟的細節聞名。

www.temperleylondon.com

**是否有什麼靈感來源，讓妳總是一再探究？**

我不斷參考我的「檔案寶庫」，裡頭收藏了數以千計的小塊布樣與織物。我很喜歡圖樣，而且總是能全心全意投入設計的過程，從小就這樣。

**依妳的工作方式，有沒有什麼用具是不可或缺的？**

我盡量保持簡單，我會用自動鉛筆、細簽字筆、書法鋼筆和幾枝彩通（Pantone）色筆。

**妳的設計流程是否有例行的程序？**

我會先收集關於故事的想法，並透過印花、顏色、細節與裝飾，營造出整個系列的氛圍。之後我將設計與故事融合，想想靈感繆思會怎麼穿這些衣裳。

**在妳的工作過程中，研究有何重要性？**

研究不可或缺；無論我在哪裡、在做什麼，從不會忘記研究。旅行和市場在其中扮演了重要角色，因為靈感可以出現在任何事物、任何地方。如果我看上一個會永遠喜歡的東西，就會因為它的迷人之處而買下來，可能是它的顏色、形狀或比例。我的檔案中不斷有東西添加進來，也是永遠的靈感來源。

**對妳而言，在什麼樣的環境下工作最好？**

我有間很棒的工作室，位於我們其中一間配貨倉庫的頂樓，空間很大，有挑高的天花板，四周都是窗戶，可以眺望倫敦。這是最適合發揮創意的完美空間，也是我儲存檔案的地方，因此，我可以在這裡連續工作好幾個小時不間斷。

1 從多維勒（Deauville）到比亞希茲（Biarritz），這些一九三〇年代的法國海濱景色帶給坦波麗 2008 年春夏系列的靈感。這系列名為「私人海灘」（Plage Privée），深受過去的泳裝影響。

2 坦波麗倫敦 2007/08 年秋冬系列「流亡美人」（Beauty in Exile）的氛圍板（mood board）。此系列的靈感來自一九〇〇年代初期的巴黎，那時許多俄國貴族、藝術家與他們的繆思女神紛紛來到此地，這些迷人的移民鼓舞了巴黎社會，而迪亞基列夫（Sergei Diaghilev）率領的俄羅斯芭蕾舞團（Ballets Russes），將生動的異國場景呈現在他們面前，風靡了巴黎。氛圍板顯示出照片、布料與歷史參考資料如何整合起來。

你如何描述自己的設計過程？

我的創作過程是新與舊的妥協，將記憶與未來、傳統與實驗加以平衡。我不會特別去區分什麼；我會觀看一切，然後會有某個東西突然打動我（即便是最細微的東西），並爲接下來的系列帶來靈感。

在設計過程中，是否有團隊參與？如果有的話，他們負責些什麼？

我很迷信，又很忠誠，總愛跟相同的人一起工作，也樂於擁有一組團隊。我喜歡擁有可靠的穩定核心，也需要來自世界各地的年輕人發揮新穎的觀點，爲時裝及各個層面注入活力。

你的研究與設計如何從平面轉變爲立體？

從發想一個系列開始，接著是繪圖，再創造出版型與原型；我喜歡最終能把各個階段融合在一起的奇妙化學作用。

你的設計流程是否有例行的程序？

一開始，我一定先嚴謹地研究材料與布料，以及如何將它們一起應用。之後，我會一而再、再而三地畫圖。這個過程猶如在作品生產出來、登上伸展臺讓我清楚目睹之前，就先在心中看過這些作品。

在你的工作過程中，研究有何重要性？

我需要許多東西來滋養靈感，例如物品、影像、故事與一塊塊的布，總之是一切能讓我的心思遊走、動動腦筋的東西。我得不停觀看新的東西與地點，認識新朋友，傾聽他們說話。同時，我得確保自己能仰賴舊有、穩定的事物，這些事物有著過往，隸屬於其他人，而且禁得起時間考驗。

# ANTONIO MARRAS for KENZO

高田賢三（Kenzo Takada）1939 年出生於日本，就讀東京文化服裝學院，1970 年在巴黎創立自己的時裝品牌「Kenzo」。二十多年來，高田將包羅萬象的影響融入時尚，援引世界各地的民族風格與文化元素，提倡多元與包容，因而備受推崇。他能將來自世界不同地方的風格與特殊服裝加以詮釋，整合出強烈的國際色彩，成就廣受肯定。

高田於 1999 年退休，2003 年由安東尼奧·馬拉斯（Antonio Marras）接任藝術總監*。馬拉斯 1962 年出生於義大利薩丁尼亞島，雖未接受過正式的時裝教育，但是對織品有興趣，並在 1988 年成功說服一名羅馬企業家給予支持，讓他推出第一個成衣系列。1996 年，他以自己的名號在巴黎首度推出高級訂製服，1999 年則開始在米蘭推出成衣。馬拉斯融合各種參照，傳達出當代的設計語言，建立起 Kenzo 的品牌風格。馬拉斯將時裝與其他藝術形式結合，成功爲 Kenzo 打造獨特又現代的形象。（*編按：任職至 2011 年）

www.kenzo.com

對你而言，在什麼樣的環境下工作最好？

家是我的避風港，在這裡可以心平氣和的做設計。巴黎則是個不停脈動的城市，能帶來許多新的刺激與靈感。對我這種懷舊、焦慮又總是尋找感動的人而言，也許巴黎是唯一能讓我們活下去的城市。

你是否會經歷「靈光乍現」的時刻，知道一項設計行得通？

我從未滿意過自己的作品，總覺得必須做得更好。一旦時裝秀結束，我的思緒又飛到新的系列了。我隨時都在我居住與工作的薩丁尼亞島，以及巴黎、米蘭之間旅行，兩邊對我的作品都很重要。

馬拉斯表示:「我喜歡跳蚤市場、慈善商店、老店賣的舊貨、老布料檔案庫。」在 Kenzo 2009 年春夏女裝系列「愛麗絲漫遊奇境」（Alice in Wonderland）中，設計師結合各種不同的布料，創造出 Kenzo 獨有的浪漫風格。

馬拉斯說：「靈感可以從任何事物中取
得。對我來說，攝影、電影、芭蕾、文學、
繪畫、雕塑與現代藝術，都同樣具有啓發
力，沒有哪一項特別優越。」此處圖片是
針對 2009/10 年秋冬男裝系列「俄羅斯」
（Russia）。

2009 年春夏女裝系列設計圖，附有布料標示。

**是否有什麼靈感來源，總是能讓你們一再探究？**

布魯克：舊的《Vogue》雜誌很具啓發性，尤其是看看與某些知名設計師同時代、卻未受到同等肯定的設計師之作，就會發現許多尚未充分探索的剪裁技巧與細部，若能應用到現代服裝會非常有趣。

**你們如何描述自己的設計過程？**

布魯克：這個品牌屬於兩個人，一個是時裝出身的我，一個是做平面設計與藝術的布魯諾，因此很重要的是服裝要能發揮加乘效果。科技讓我們能將圖樣與服裝精準搭配，這種可能性本身就很有啓發性。身為設計師，推動產業前進是我們責無旁貸的任務。

**你們的設計過程是否會運用到攝影、繪畫或閱讀？**

布魯克：這得看我設計的衣服而定；有時先在人檯上實驗比較重要，因為光靠著別上別針、將各種形狀縫在一起，想法就會出現，構想未必一定從畫圖中產生。之後我把結果拍照，看看哪些部分可行、哪些不可行。接下來我將布料標示好，攤平後做出平面版型。

巴梭：我的設計過程牽涉到各種影響，例如攝影、繪畫、閱讀、參觀藝廊、聽音樂、尋找新的技術資源，並大量在網路上研究。我不常做筆記，比較喜歡以印花本身來表達對某件事物的「紀念」，而不是所觀察的畫面本身，這樣可以為自己做的東西增添個人價值（與情感價值）。

# BASSO & BROOKE

英國出生的克里斯·布魯克（Chris Brooke）與巴西出生的布魯諾·巴梭（Bruno Basso），是品牌「巴梭與布魯克」（Basso & Brooke）的設計師。布魯克於 1997 年於中央聖馬丁學院取得女裝碩士學位，而巴梭在巴西學的是新聞與廣告，2001 年畢業之後擔任平面設計師。「巴梭與布魯克」這個品牌，是 2003 年提出來的構想，而雙人組在 2004 年奪得「時裝新銳獎」（Fashion Fringe award），為第一屆獲獎者。巴梭與布魯克以創新的數位印花與色彩運用，成為知名的當代女裝設計師。

www.bassoandbrooke.com

**你們的設計流程是否有例行的程序？**

布魯克：有，但不見得是意識得到的過程，畢竟最後做決定的，還是身為設計師的你。

巴梭：我認為這是個演進的過程。我們總在做不同的研究，也會不斷檢討技術的部分。

**依你們的工作方式，有沒有什麼用具是不可或缺的？**

布魯克：自動鉛筆，這樣才能隨手把概念畫到紙上。我通常手邊不會有橡皮擦，因為在這個階段，無論你認為某些想法是多麼瑣碎不可行，但日後回顧數以百計的最初草圖時，這些想法往往最有趣。

巴梭：Photoshop 與網際網路。

**你們最享受設計的哪一個部分？**

布魯克：解決如何創造出樣式或有趣的剪裁之類的問題，往往是最快樂的部分。能理解打版的技術性與布料的可能性很重要。多數設計師將這個過程交給打版師，但是在獲得自己想要的成果的過程中，通常可以發現有趣的新構想。最困難的是，明知有個概念很棒，卻找不到可以面面俱到的執行方式。

巴梭：我喜歡最初的研究，以及在伸展臺上的完成階段。最難、最有挑戰性的部分，在於日復一日將設計從一個模樣變成另一個樣子，但我仍樂在其中。

**你們是不是會經歷「靈光乍現」的時刻，知道一項設計行得通？**

布魯克：有，一向如此。一旦作品新穎、現代、美麗與創新，面面俱到的那一刻最有成就感。有時候，一項設計作品的概念在技術上可行，結構上也算是一項成就，但是再想想是否具有足夠的功能性，或漂亮得讓女士們願意穿上身時，卻會覺得沮喪。

巴梭：一向如此。雖然難以言喻，但一種印花完成時就是會讓你明白。我總是瞇起眼睛看著一項設計，如果和當初預期的一樣，表示已經可以了。有時在設計過程的中途要改採其他決定或方向很冒險，而且最後結果和當初想像的完全不同，但是行得通的就是行得通！

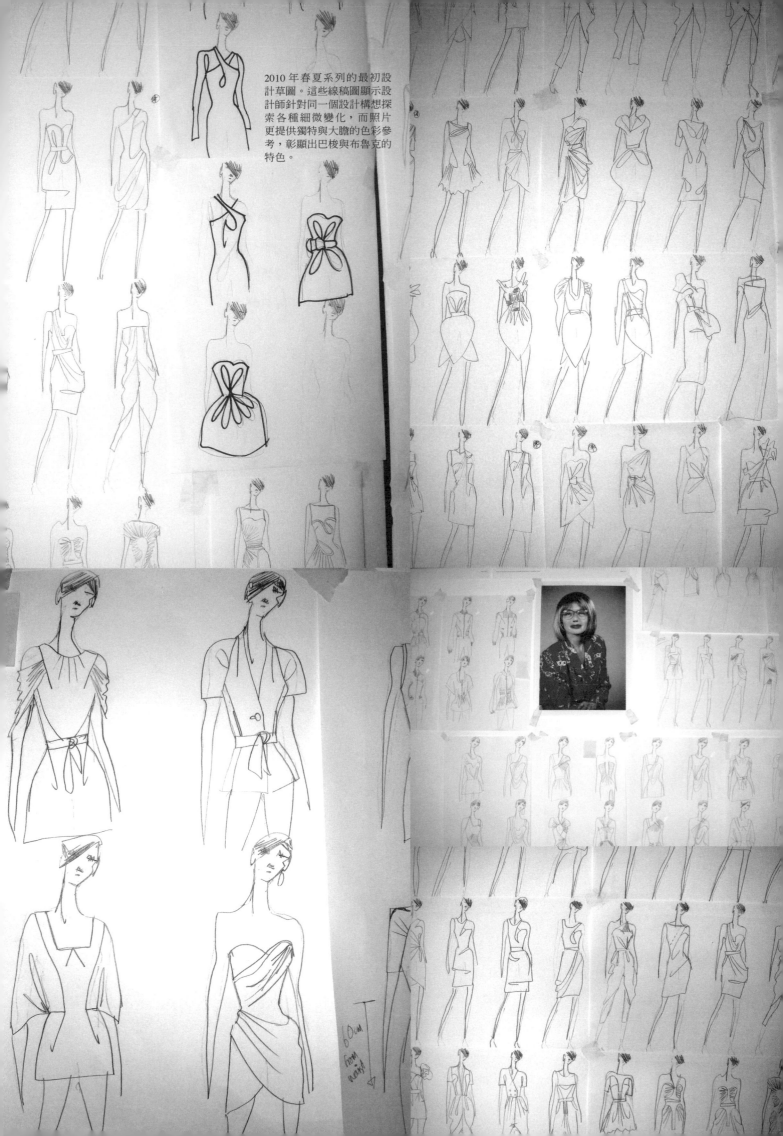

2010 年春夏系列的最初設計草圖。這些線稿圖顯示設計師針對同一個設計構想探索各種細微變化，而照片更提供獨特與大膽的色彩參考，彰顯出巴梭與布魯克的特色。

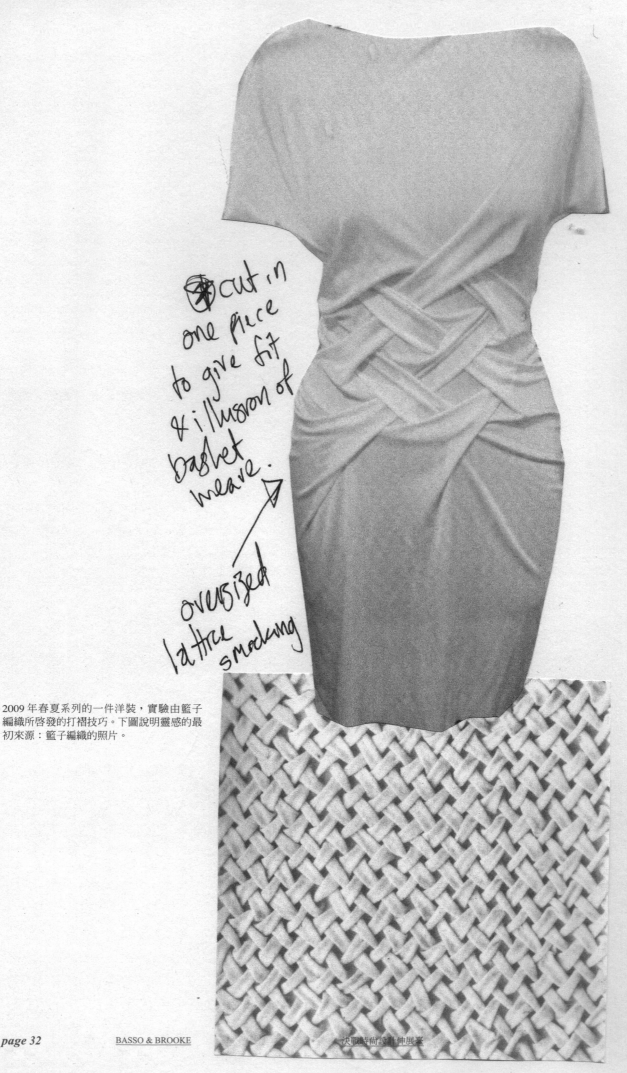

2009 年春夏系列的一件洋裝，實驗由籃子
編織所啓發的打褶技巧。下圖說明靈感的最
初來源：籃子編織的照片。

$\dfrac{1}{2}$

1　照片中人檯上垂褶的布料，是還在試衣發展階段的服裝（取自 2009 年春夏裝）。

2　在使用正式布料之前，先用坯布（原型布料）製作衣服。圖為 2009 年春夏裝的一件洋裝，受到日式風格的啟發。

**在你們的工作過程中，研究有何重要性？**

夏利夫：我們的研究比較偏向心理面，就好像一場對話，談的是我們記得且想再看到的東西，以及覺得適當的態度。

岡田幸子：研究是我們服裝系列的支柱，它未必只是視覺性的研究，甚至還包括收集與記憶某些事物所引發的感覺、情境與情感。這項資訊會透過我們的安排而變成更具體的主題。從這個點開始，研究就不再只停留於潛意識層面。

**對你們而言，在什麼樣的環境下工作最好？**

夏利夫：我到處都可以工作，沒有預設條件。

岡田幸子：我在哪裡都可以發想，但是在工作室最能付諸實行。

**什麼會激發你們的設計概念？**

夏利夫：截止期限向來是最好的刺激與動力。在非完成不可時，能逼出許多成果。

岡田幸子：我們所設計的衣服；因此最能激發我的主題就是人。無論是透過書本或現實，去觀察、發現人的各個面向很重要。

**你們如何描述自己的設計過程？**

夏利夫：以緩慢而有信心的方式展開，之後步調加快到由速度掌握一切。設計過程從來不是一開始就一清二楚，這表示每一個步驟會影響下一步，最後達到更完整的結論。

岡田幸子：設計過程像是拼圖，每一片都需要另一片才能存在。當越來越多片拼在一起，就能看到越完整的樣貌。

# BLAAK

倫敦品牌布萊克（Blaak）幕後的設計團隊為岡田幸子（Sachiko Okada）與亞倫·夏利夫（Aaron Sharif），兩人都是唸中央聖馬丁學院，1998 年成立品牌，其背後的概念，是思考黑色所引發的情感。設計師探索剪裁與縫紉技巧，並透過布料的選用，傳達觸感在作品中的重要性，讓他們的陽剛美學也展現布料的感官性。

www.blaak.co.uk

**你們的研究與設計如何從平面轉變為立體？**

岡田幸子：我在腦海中發想的概念已經是立體的了，但是要把三度空間的想法形諸紙上卻不簡單，我總覺得腦中所見的遠比在紙上呈現的要好。在某種程度上，這種挫折也形成一股強烈的動力，刺激我將想法化為現實。

**依你們的工作方式，有沒有什麼用具是不可或缺的？**

夏利夫：我近來想讓概念形諸於紙上的方式可以更具挑戰性。在設計 2008/09 年秋冬裝時，我發現若在工作時閉上眼睛會更自在，如此可以讓我擺脫呈現想法時的自我限制。設計 2010 年春夏裝時，我則決定多用左手工作。我天生慣用右手，因此改成左手會放慢工作流程，卻能更注意想法與細部。奇怪的是，這樣也更能看出作品的缺失。

**你們最享受設計的哪一個部分？**

夏利夫：無論是發想、思考可行性、將過程從討論轉化為速寫、選擇布料或訂定截止期限，每個過程都能帶來成就感。

岡田幸子：當一個想法能夠超越想像階段時，是很美好的時刻。而最難的部分，是要設法處理布料。從這一刻起，設計就變成具體的現實，過程也變得較為實際，不再那麼抽象。

**你們的設計過程是否會運用到攝影、繪畫或閱讀？**

夏利夫：我們的手法比較全面，什麼都涵蓋在內。

岡田幸子：這得看每一季的情況而定。攝影、繪畫與閱讀皆有助於表達出自己腦中的想法。你拍的照片主題，一定是在你心中能留下強烈印象的東西。閱讀也一樣，是了解自我感受的好辦法。

PLAN.

MATCHING SCARF.

KNIT.

MARUYAMA. ARGYLL LYNXES

WITH CONTRAST COLS.

LI3 KNIT. CONTRAST POLO.

CORGI.

S/B.

GRENFELL.

WIND COAT

WOOD BROTHER. "U.

BRUSH KNIT STORM

CAN BE ALSO WOVEN ASWELL.

HAND KNITTED WOMEN

STADIUM JUMPER. DONKEY JKT.

FELT WASH SHIRTING STORM.

ROPE TWIST STORM.

LEATHERETTE WITH WOVEN OUTER. STORM

TEDDY BOAR STORM.

RIBBING. SHIRTING.

BLACK. - MOHAIR.
- NATURAL MOHAIR

1 2009/10 年秋冬系列的初步概念。從這份設計備忘錄，可以看到設計師如何說明將運用在此系列的技術與布料。

2 2008/09 年冬季的「水牛大兵」（Buffalo Soldier）系列。製作說明以紅墨水寫在原型衣上。

對比感條紋襯衫與自然收邊羊毛單車褲設計圖，選自 2009/10 年秋冬「人機對抗」系列。這張圖也傳達出該系列的基調。

FELT SHIRT WITH BLUE STRIPE

FRONT.

爲 2008/09 年秋冬「水牛大兵」系列設計的
燙印 T 恤「和平鴿」（Peace Dove）。

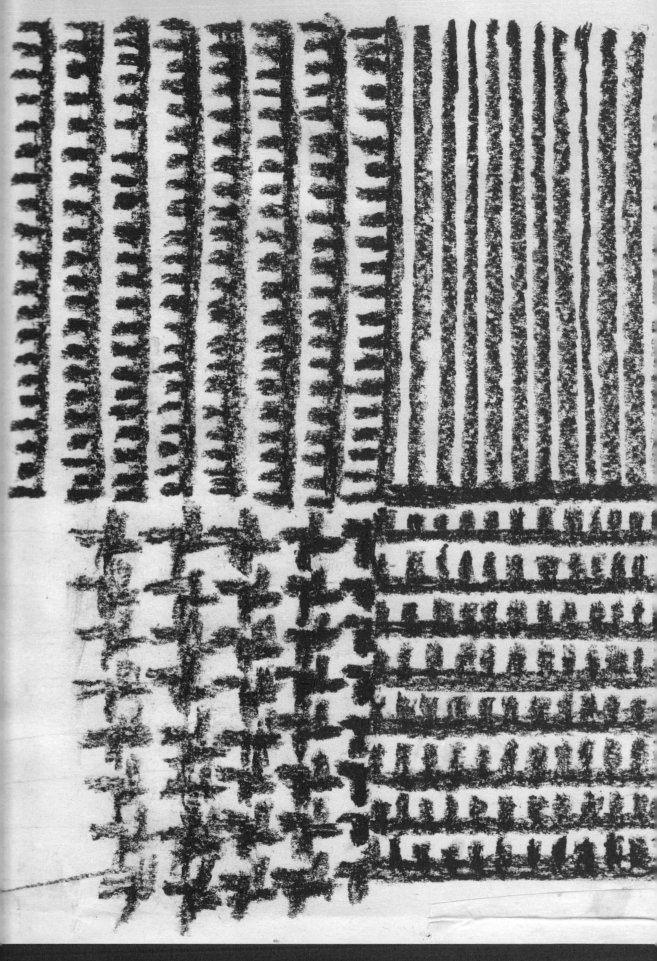

布萊克會刻意在設計圖中畫出布料的質感。
此圖是以炭筆畫出 2009/10 年秋冬系列的葛
倫格紋圖樣。

在你的工作過程中，研究有何重要性？

研究過程如果自然進行，就會很重要。換言之，必須
令人振奮，樂在其中。我很喜歡研究過程，尤其天馬
行空的想法開始落實為具體的設計工具時更是如此。
研究可能是一個概念、一道思緒，是我在一季之前就
開始構思的事。

是否有什麼靈感來源，讓你總是一再探究？

我很喜歡對比，對比的事物若能搭配得宜會很有意思。
另外，我也常常從個人的記憶汲取靈感。至於一再探究
的靈感來源，應該是一九七〇年代的龐克時期、愛德華
時期（約 1890 年代中期至 1914 年）的晚期，以及日
常物品（例如擦杯盤的抹布）。一九七〇年代的電影、
色彩和造型總是深深吸引著我。那時期許多電影有一
股天真的感覺，但又有一種奇異的覺醒，我認為當時
的色彩的確能貼切反映出這一點。

# BORA AKSU

來自土耳其的波拉‧阿克蘇（Bora Aksu），2002 年自中央聖馬丁學院畢業。次年，他的作
品在倫敦時裝週的秀外展（off-schedule shows）初次登台亮相，並獲得「Top Shop」新人獎。阿
克蘇的招牌風格是帶點黑暗味道的浪漫主義。他的服裝本質上是現代的，並融合複雜的剪裁技巧
與極簡的縫工，混搭軟硬布料，細部精緻。

www.boraaksu.com

**你如何描述自己的設計過程？**

我的設計過程是融合許多元素的視覺演化。了解自己
的設計語言很重要。

**一天中有沒有哪個時段，讓你最能發揮創意？**

我一向在夜晚比較能發揮創意。這是因為白天多半得
解決設計想法中衍生的問題，處理日常瑣事，工作室
也總是人來人往。到了夜晚我就可以專注，思路也比
較清楚。

**你的設計過程是否會運用到攝影、繪畫或閱讀？**

我盡量不為設計過程設限。靈感是一種需要自由流動
的東西。

**你最享受設計的哪一個部分？**

我很喜歡速寫，也喜歡「轉譯」的過程。當你將概念應
用到布料上時，其實會產生一些變化，這過程往往令我
驚奇。我喜歡平面概念轉變為立體物體的演進。此外，
設計過程中總會產生意外的結果，有時甚至能演變出
很棒的設計概念。

**依你的工作方式，有沒有什麼用具是不可或缺的？**

無論我是否在工作室，我都需要一疊 A4 白紙及 0.5mm
的鉛筆。

這是阿克蘇的速寫本中，一張 2009/10 年秋
冬系列的插畫。圖中可以看出這個系列受到
維多利亞時期與遊牧風格的影響。此系列命
名為「懸崖上的野餐」（Picnic at Hanging
Rock），而這張圖是用來說明該系列的氛
圍。

這是阿克蘇為 2008/09 年秋冬系列所做的研究與色彩參考，設計師探索不同深淺的紅色，並保留供日後參考。

1　2008/09 年秋冬系列的準備工作。這些拍
　　立得照片是同一系列的試裝照。

2　阿克蘇的速寫本中，還有 2009/10 年秋
　　冬系列的實驗作品。這裡是探索馬甲繫
　　帶的各種可能性，並檢視透過這些實驗
　　發展出來的不同設計概念。拍立得照片
　　為人檯上的實驗作品，而插畫則透露出
　　設計師想達到的效果。

# BOUDICCA

佐伊・布羅齊（**Zowie Broach**）與布萊恩・柯克比
（**Brian Kirkby**）畢業於英國倫敦的密德薩斯大學（**Middlesex University**），**1997** 年，兩人共同創辦「布迪卡」（**Boudicca**），
這個名稱是紀念率領塞爾特人對抗羅馬帝國的皇后。布迪卡與其說
是時裝品牌，不如說更像藝術計畫，打造出來的美麗服裝不僅剪裁
完美，而且絕不墨守成規。設計師藉由高度風格化的精緻服裝，尋
求在前衛性與女性特質之間取得平衡。

www.platform13.com

**你們如何描述自己的設計過程？**

我們想要創造某種看不見的東西，那是屬於另外一個
層次。在許多新興領域中，科學與科技佔有優先地位，
跟我們的未來都息息相關，非常鼓舞人心，令人振奮。
科技必須與想法、創意精神相互結合，唯有如此，才
能為人類創造新的奇蹟。我們希望自己的設計能進入
這個領域、這個層次，也努力朝這個方向前進。

**什麼能激發你們的設計概念？**

布迪卡是一股張力，遊走於陽剛與陰柔、歷史與未來之
間。我們追隨許多想法，這些想法結合之後會形成一
種新語言，並適時顯示出定義。我們「目前」雖然活
在後現代的困境中，但必須設法掙脫，朝向新的現代
主義前進，以新的意識型態來思考我們在這世上所經
歷的體驗。雖然大家對於過往都覺得自在又容易理解，
但我們必須全力避免陷入懷舊的情緒中。

布迪卡所拍攝的抽象參考影像，影響了他們在 2009 年荷蘭安恆時尚雙年展（Arnhem Fashion Biennale）的作品。

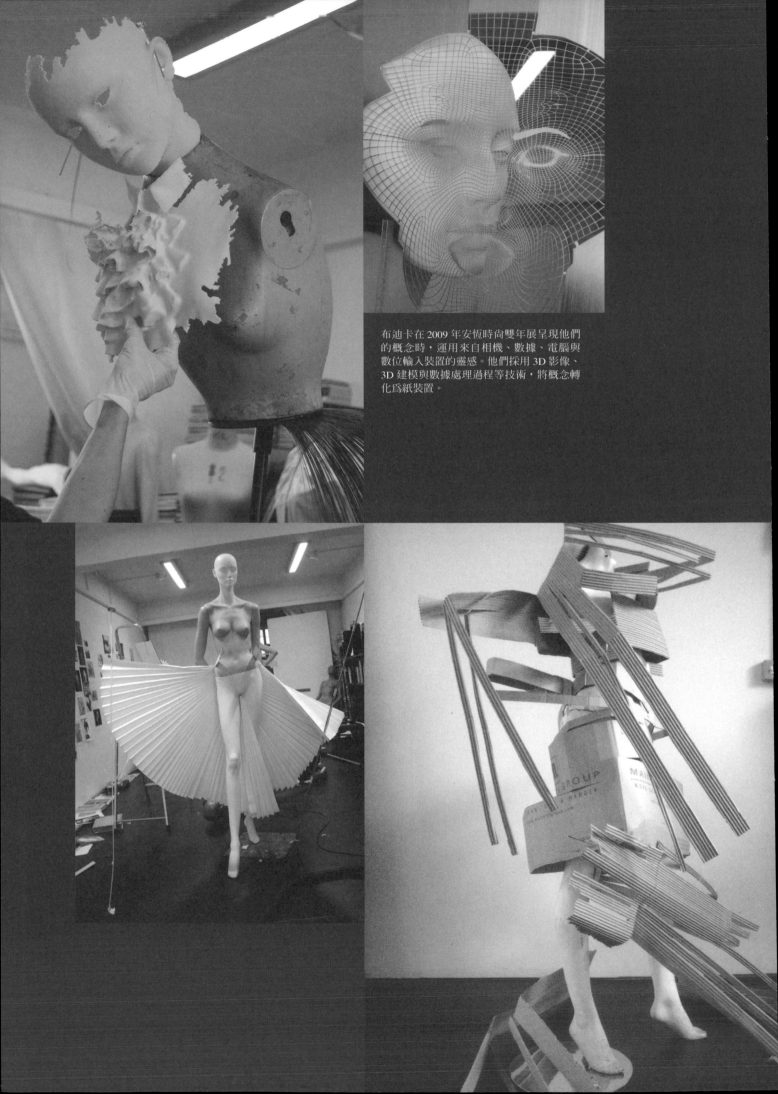

布迪卡在 2009 年安恆時尚雙年展呈現他們
的概念時,運用來自相機、數據、電腦與
數位輸入裝置的靈感。他們採用 3D 影像、
3D 建模與數據處理過程等技術,將概念轉
化為紙裝置。

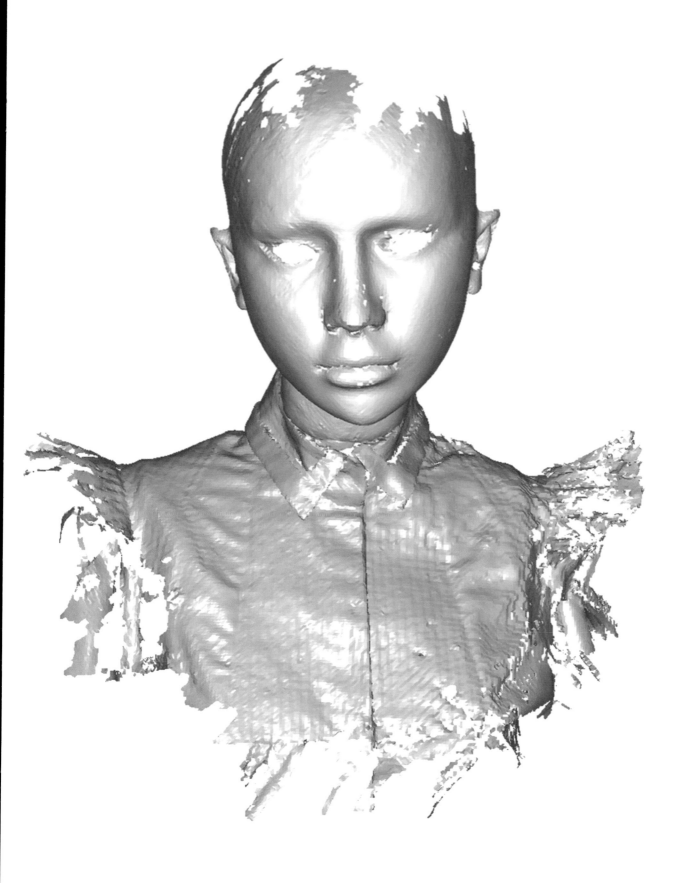

為 2009 年安恆時尚雙年展所做的輸出影像「臉的布局」（Mapped Face），說明布迪卡以先進、當代的手法來表現時裝。

**妳最享受設計的哪一個部分？**

我喜歡進入「流動」的狀態，這通常包括失眠、獨處與聽同一段音樂好幾個小時。把想法形諸於紙上、確切反映出腦袋裡的東西，是一件令我愛恨參半的事。通常我可以開始剪裁並馬上製作，但也有可能花掉好長一段時間畫出細節。

**依妳的工作方式，有沒有什麼用具是不可或缺的？**

我不需要特定的工具，而是要抱持著特定的心態。那種心態是介於恐慌與不在乎之間，知道自己過去總能完成任務，這次也一定做得到。

**是否有什麼靈感來源，讓妳總是一再探究？**

就創意方面而言，美國西岸居民的穿著方式總是能對我有所啓發，雖然我從未去過那裡。那是一種「無風格」的風格。我喜歡美國時尚攝影師理查‧艾夫登（Richard Avedon）拍攝這些認眞的平凡人的照片。他們只要穿一條牛仔褲搭一件套頭毛衣，看起來就很有型。那些衣服像是在特易購（Tesco）超市買的，但他們穿起來效果出奇地好。我想，這就是我的基本概念；我會運用一些技術，讓棘手的東西看起來很單純。我很努力試著讓複雜的東西看起來很「簡單」。

**妳的設計過程是否會運用到攝影、繪畫或閱讀？**

通常三種都會用到，但多半是回顧時才發現的。當我拍一張照片、畫一張圖或閱讀一段文字時，並不知道那會成爲研究的一部分。研究最後總是成爲一系列我在無意間已經製作好或收集起來的東西。我設計過程的主要部分是在腦海中進行。

# CAROLA EULER

卡羅拉‧歐拉（Carola Euler）出生於德國吉森（Gießen），在故鄉學習裁縫，1999 年遷居倫敦。2005 年，歐拉自中央聖馬丁學院畢業，並在 2006 年九月倫敦時裝週的「東區時尚」（Fashion East，設於倫敦的非營利組織，每季皆會贊助幾名新人展出作品）男裝秀中，首度推出男裝系列。歐拉所製作的衣服兼具趣味與完整性，以角度銳利、線條明晰與細節繁複爲基本特色。

www.carolaeuler.com

**對妳而言，在什麼樣的環境下工作最好？**

半睡半醒時的床舖、沒有筆的淋浴間、在大眾運輸工具聽隨身聽及開車時。總之不是在桌子前。

**一天中有沒有哪個時段，讓妳特別有創意？**

晚上。我不知道有誰能在其他時間提出創意。

**妳會不會經歷到「靈光乍現」的一刻，知道作品能夠發展下去？**

當然。我會很興奮，然後這天就好好休息一下。

**妳如何描述自己的設計過程？**

那是持續不斷的過程。通常我在製作眼前某一季的服裝時，已經知道下一季的起點，那通常是目前不能納入的「枝枒」，但會獨自生長。

**在妳的工作過程中，研究有何重要性？**

我不會刻意安排時間來做研究，但必要時就會花時間做，就像是肚子餓時吃些點心。

**妳的靈感來源是什麼？**

其實一切都是靈感來源，但這是一部在我腦中的影片，影片的發展源自於我在各系列之間收集到的所有印象，而影片會形成我的理念。我常常回顧自己的舊作，於是明白有個自然的演進存在。我不太擔心沒有想法或找不到靈感；最令人頭痛也最有趣的，其實是如何平衡一切。

**什麼能激發妳的設計概念？**

純粹是害怕如果現在不開始，就會來不及完成。就像是油門踩到底，最後則要放開煞車。當我知道動作得快一點時，就會倚靠直覺反應，而我也學會相信直覺。

歐拉為 2005/06 年秋冬系列「早安」（Good Morning）繪製的連續圖。此設計圖呈現出造型，以及服裝將使用的特定布料。

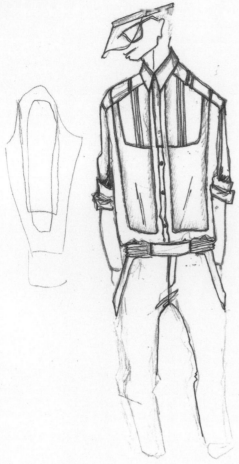

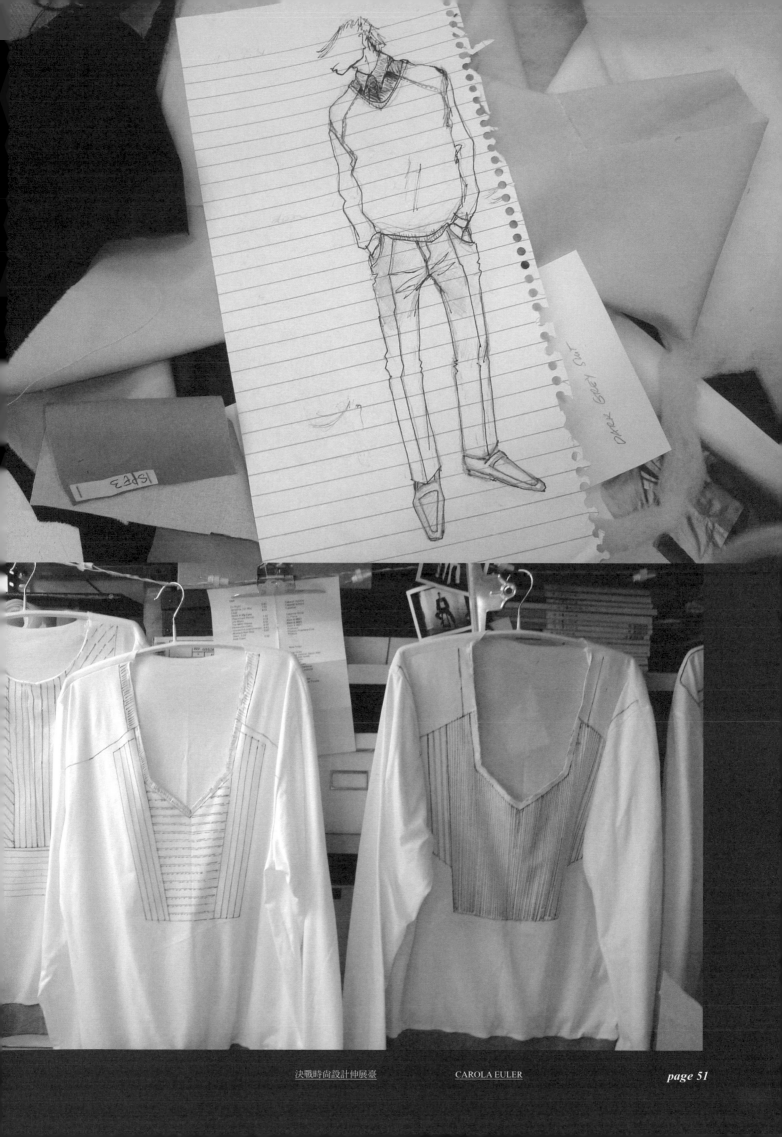

**一天中有沒有哪個時段，讓妳特別有創意？**

我喜歡早上六點起床，穿著豹紋睡袍工作，這時工作室很安靜。有時我會播放一點一九八〇年代的可怕音樂，邊跳舞邊工作。

**依妳的工作方式，有沒有什麼用具是不可或缺的？**

我隨身攜帶 Moleskine 的日誌與 0.7mm 的黑色中性筆。打版時會用無印良品的特殊橡皮擦，當然還有 0.5mm 的自動鉛筆。

**在妳的工作過程中，研究有何重要性？**

研究是不可分割的一部分。曾有個聰明人跟我說：「時裝並非來自於時裝。」這句話真是再正確不過了。我喜歡先從巴黎的跳蚤市場開始，每回到巴黎銷售服裝時，我就會趁機做研究。衣服如何結構、結構如何影響設計的問題，總是令我深深著迷。

# CAROLYN MASSEY

**男裝設計師卡洛琳・麥西（Carolyn Massey）2005 年畢業於倫敦皇家藝術學院，2006 年創立自己的品牌，著重精美的細節與精緻的布料。她的服裝探索「何謂紳士」這個主題，以及該如何透過當代服飾傳達此一概念。**

www.carolynmassey.com

**是否有什麼靈感來源，讓妳總是一再探究？**

我反覆翻閱德國攝影師奧古斯特・桑德（August Sander）的《二十世紀的人》（Citizens of the Twentieth Century），閱讀談論世界各地制服的冷僻書籍，欣賞《每日郵報》（Daily Mail）附贈的免費戰爭片，看各個年代的男人穿著各種服裝的照片（看看人們如何穿著、款式如何啟發設計也很有意思），還有聽音樂。我的作品絕對源自深深的情感，而音樂正好能與之融合。每一季都有專屬的配樂可循。

**什麼能激發妳的設計概念？**

我天生就是個研究者，小時候就是愛追根究柢的討厭小鬼，現在則是視覺消費者。獨自翻遍骯髒的跳蚤市場或博物館陰暗的檔案間，是我最開心的時候。

**妳最享受設計的哪一個部分？**

我熱愛設計的每一個部分。設計過程當中固然有些部分是我比較擅長的，但我可以趁機學會哪些任務該指派出去，哪些該由自己掌握。我想，太過執著於什麼是非常不健康的，雖然有些事情讓人很難放手。

**妳如何描述自己的設計過程？**

混合了秩序與混亂。我明白自己很容易在視覺上感到「膩了」，因此幾乎一開始就知道會想保留哪些東西，但也會在服裝秀兩週前冒出新的設計點子，然後拚盡全力及時實踐。這個過程很折磨人，但我還蠻喜歡這樣。

**對妳而言，在什麼樣的環境下工作最好？**

我隨時都在工作、收集想法，做視覺媒介這一行的人難免如此。我的工作室就是最好的工作環境。

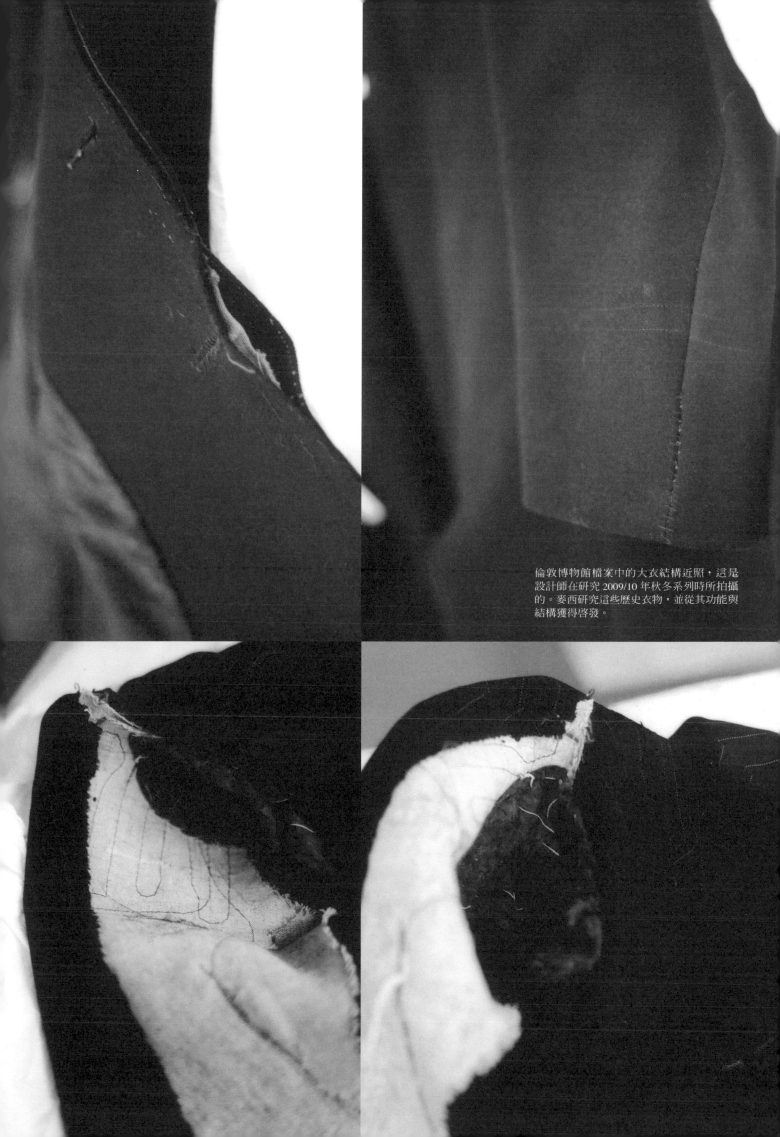

倫敦博物館檔案中的大衣結構近照，這是設計師在研究 2009/10 年秋冬系列時所拍攝的。麥西研究這些歷史衣物，並從其功能與結構獲得啓發。

1 | 4
2 | 3

1 在 2009/10 年秋冬系列的設計階段，設計師的桌子正如圖中所示，上頭有各式各樣的參考資料與靈感來源。

2 攝影師克里斯‧布魯克思（Chris Brooks）拍攝的玫瑰，獻給麥西，也成為日後服裝系列的靈感參考來源。

3 這張照片是「兩個男孩」攝影工作室（Les Deux Garçons）在巴黎拍攝 2007/08 年秋冬系列的目錄，模特兒為丹‧夏普（Dan Sharpe）。

4 此圖為 2009/10 年秋冬服裝秀，模特兒帕威爾（Pawel）的衣架一端掛著的後台看板。從看板可以看出服裝該如何穿著，以及適合的配件。

PAWEL 1

**妳們的設計過程是否會運用到攝影、繪畫或閱讀？**

這些我們都會用到。我們兩人的工作方式稍有不同：朵樂絲偏好畫圖與做試衣，而我比較喜歡用電腦與編織機做拼貼。

**妳們如何描述自己的設計過程？**

隨著過去兩年的合作，我們的設計過程已經有所演變。在每系列的不同階段，我們有時會分頭進行，有時則一起合作。我們的技能不同，因此常專注於不同領域。我愛研究圖案和編織技巧，比較投入這兩個方面，而朵樂絲則擅長打版、服裝結構及和工廠合作。

**在妳們的工作過程中，研究有何重要性？**

研究是非常重要的一部分。我們首先會到處看看，包括路人、朋友、雜誌、電影與部落格。一旦覺得有所啓發，就會到圖書館研究設計師、攝影師、圖像、家具或任何能刺激我們的東西。我們也花時間研究傳統的編織技巧與圖案，將它們與現代的特殊元素結合。

# COOPERATIVE DESIGNS

安娜麗莎・鄧恩（Annalisa Dunn）與朵樂絲・賀吉曼（Dorothee Hagemann）於 2007 年在中央聖馬丁學院的時尚針織品碩士班相識，畢業後，兩人合力創辦「合作設計」（Cooperative Designs）。她們的針織品系列以鮮明的圖像、條紋與多層次編織爲特色。

www.cooperative-designs.com

**妳們的設計流程是否有例行的程序？**

我們分頭進行研究，之後一起討論新系列的主題，接著再分頭設計，並運用素描、拼貼與電腦技術來加以說明並發展。我們會尋找紗線和布料，並詢問工廠新的技術是否能進入生產階段。接下來就是製作試衣，爲了確保每一項設計都正確可行，可能會花上好幾天甚至幾週的時間。一旦試衣定案之後，就會製作連續圖，以便看出整個系列的全貌。我們會以伸展台、商店展示與最終消費者的角度，不斷分析這個系列，檢討是否實穿、價格是否合理、是否令人想擁有。要讓一切到位可不簡單，然而每一季都能讓我們學到越來越多。

**什麼會激發妳們的設計概念？**

對於持續改善現狀、不斷往前發展的渴望。我們總會花許多時間分析以往的系列，找出需要發展的區塊，這樣才能不斷前進。我們常參考的來源包括包浩斯、結構主義與傳統編織技法。

**妳們最享受設計的哪一個部分？**

發想與廣泛研究很有趣。把概念修改彙整並予以嚴謹分析最爲困難，而時間與經費又帶來更多限制。一旦發現要實現某個概念的代價可能太過高昂，會很令人洩氣，但如果能找出解決之道，卻很有成就感。

**對妳們而言，在什麼樣的環境下工作最好？**

我們在一間工作室工作。晚上和週末很適合工作，因爲這時比較安靜，更能保持專注。

1 由於針織品是「合作設計」的核心要素，
 因此在開始設計服裝時，會以布樣爲起
 點。圖爲 2008/09 年秋冬系列中，以
 手工編織的混色小羊毛搭配單面針
 織布條紋嵌花的布樣。

2 設計師在工作室中，將吸塵
 器與掃帚穿上 2008/09 年
 秋冬系列的衣服。這張
 拍立得照片是用來闡
 述其概念特色，並
 寄送給媒體與採購
 人員。攝影：合
 作設計。

cooperativedesign...

annalisa dunn · dorothee hagemann

2009/10 年秋冬系列的設計拼貼。由於
這個系列要發揮大尺寸的質感，因此設
計師在設計圖中用編織樣品做拼貼，以
便實驗比例與輪廓。

2009 年春夏系列的圖案編織概念。

**是否有什麼靈感來源，讓你總是一再探究？**

我喜歡文字。對我而言，一個字就能改變與挑戰一切。
我的服裝系列名稱就像一夥人；每個系列都是這個群體
的成員，例如「巫師」（WIZARD）、「披著羊皮的狼」
（AWISC；a wolf in sheep's clothing）、「巫師對抗機
器」（WIZARD V MACHINE）。

**在你的工作過程中，研究有何重要性？**

研究可以是一個字、一張或二十張圖片，總之是任何
能開啟你的思考、打動你內心的東西。

**對你而言，在什麼樣的環境下工作最好？**

我喜歡待在工作室與團隊一同工作，但也喜歡有一點
點孤獨。如果不留點澄淨的空間給自己，許多事會嚴
重變質。此外，我也喜歡去自己可以突然像一塊海綿
吸收一切的地方。我第一次造訪日本時就有這種感覺，
並裝了滿滿的回憶！！

# DERYCK WALKER

德瑞克・沃克（Deryck Walker）出生於蘇格蘭，在格拉斯哥藝術學院研習時裝與織品。畢業後，
他搬到倫敦，爲布迪卡與羅伯・凱利威廉斯（Robert Cary-Williams）等設計師工作。後來他到
米蘭的凡賽斯（Versace）任職一段時間，在 2004 年回到倫敦，推出自己的男裝系列，並於「多
佛街市集」（Dover Street Market）百貨公司販售。2008 年，他首度推出女裝系列。沃克的服裝
通常以對比爲基礎：「我喜歡男人有男人的樣子，但也喜歡在裡頭加點陰柔的味道。」

**一天中有沒有哪個時段，讓你特別有創意？**

通常是晚上大家都離開工作室之後。我喜歡掃掃地，
整理一下，再回顧今天發生了什麼事情。

**你的研究包含了什麼？**

我的研究包羅萬象，從口香糖包裝紙到一首歌曲都包
括在內。我在製作「預言」（ORACLE）系列時，很
注重透明度，因此從糖果紙到浴簾都能讓我思考。

**你的設計流程是否有例行的程序？**

我可以從製作試衣開始，這要花個幾天才能進入狀況，
尤其是做新版型的時候。另一種方式是直接動手製作。
我想我的工作方式很流動，常常隨性所至，盡量不去
鑽牛角尖。

**你如何描述自己的設計過程？**

我不確定自己是否每一季都會遵循相同的過程，所以
最貼切的說法是這個過程會隨著靈感而隨時變動。

**什麼會激發你的設計概念？**

我很喜歡找好書。當我在設計「預言」系列時，很迷
愛爾蘭畫家法蘭西斯・培根（Francis Bacon），那時買
的書成爲珍貴的靈感來源；導演約翰・梅布里（John
Maybury）對於培根生平的描述也很值得一看。

TOILE : VENTRIER COAT

VENTRIER Coat

EFGH
LMNUVW J
XYZRSTOP
QHIJKABC
LMNDEFGHI

STER COAT.
MMBTAIL

CLASSIC SUIT

沃克 2008 年的春夏系列名為「資訊」
（Information），靈感來自一九四〇年代的
剪裁與一九五〇年代的青年文化。工作概
念板整合了沃克所受到的影響，包括字體、
設計草圖、工作用的試衣、拍立得照片、布
樣與圖像（61 頁及本頁）。

CIRCLE SLEEVE 1

SMEDLEY FOR DW!

CIRCLE SLEEVE 2

WINDMILL SKT

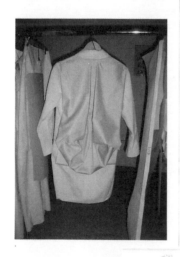

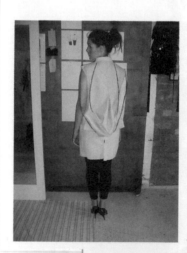

CIRCLE SLEEVE 3

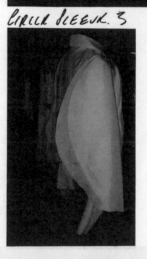

HIJK

ABC

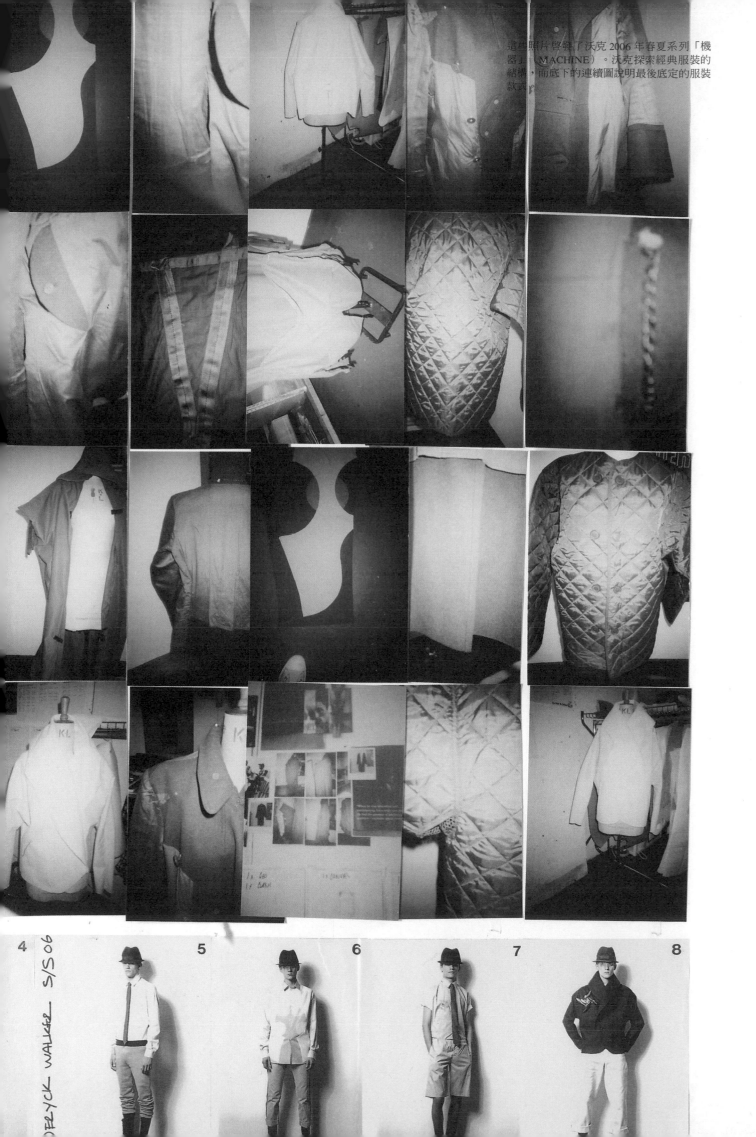

這些照片啟發了沃克 2006 年春夏系列「機器」（MACHINE）。沃克探索經典服裝的結構，而底下的連續圖說明最後底定的服裝款式。

**你的設計流程是否有例行的程序？**

無論是透過工廠技術，或者小工作坊、機械還是工匠的手藝，我總是不斷挑戰可能性的極限。我的設計手法除了挑戰目前的技術極限之外，也融入前人的精神。

**依你的工作方式，有沒有什麼用具是不可或缺的？**

人笨怪刀鈍；與其怪罪用具，不如說是心態不正確。一流的團隊有自由的智慧、心靈與熱忱，這才是不可或缺的。

**你最享受設計的哪一個部分？**

我喜歡體驗、觀看並享受整體的設計過程。對我來說，討論哪個部分多麼愉快或討厭並沒有意義。

**你的設計過程是否會運用到攝影、繪畫或閱讀？**

答案「以上皆是」；老實說，任何一項或三項都能帶我進入一段旅程。打從進入設計這一行以來，我總會運用來自各方的元素，包括音樂、書籍、藝術與攝影。然而呈現在伸展臺上的最終產品，並不是從上述影響中直接挪用，而是一種更個人的詮釋。

**是否有什麼靈感來源，讓你總是一再探究？**

過往一直深深吸引著我，例如歷史與服裝史，我所有的作品都源自於鑑賞已消失的過往事物。這不表示要模仿已發生的事物，而是以當代眼光重新探索某些元素。我認為可以把現代的設計手法視為一個空間，這個空間介於另一個時代的東西，以及如何予以重新詮釋之間。靈感可能隨時隨地突然出現，引領你重新評估事物。

**你會不會經歷「靈光乍現」的一刻，知道作品能夠發展下去？**

當然會，這多多少少就像我們的毒品似的。

# DRIES VAN NOTEN

德賴斯・范諾頓（Dries Van Noten）1958 年出生於比利時安特衛普，就讀安特衛普皇家美術學院，並在 1985 年創立自己的品牌。他是影響力廣大的「安特衛普六君子」（Antwerp Six）之一，1986 年在倫敦展出服裝系列，打響了國際名聲。1988 年，他的作品獲得荷語文化區大獎（Award of the Flemish Community）。同年，他在安特衛普開設自己的精品服飾店，並開始在日本販售。1991 年，他在巴黎首度推出男裝系列，而女裝系列則在 1993 年推出。范諾頓的設計特色在於能善用美麗的布料、色彩與印花，創造出實穿的衣服，兼具簡約與優雅。范諾頓將傳統的概念融入當代設計，因此服裝能夠超越僅此一季的流行，精緻耐看。

www.driesvannoten.be

**一天中有沒有哪個時段，讓你特別有創意？**

沒有，我整天都差不多。

**在設計過程中是否有團隊參與？有的話，他們會做些什麼？**

當然有，時裝產業很講究合作的過程，而我幸運地擁有一組可靠的團隊，每個成員可以互補、分享並拓展我的創意視野。

**你如何描述自己的設計過程？**

其實我沒有拘泥一格的設計過程。我會採取許多方式來展開一個新的系列，其中一種方式是運用我並未一見鍾情的事物，將它轉變成漂亮或至少是有挑戰性的東西。比方說，我從不特別喜歡淡紫色，但我對這個色調的厭惡，促使我創造出以淡紫色為主的系列。同樣地，原本用在編織品或羊毛時看來不怎麼樣的顏色，應用到絲綢上卻很美。改變底布、材料或支撐，最後就能獲得截然不同的訊息，而觀點的改變甚至能催生一個完整的系列。

**在你的工作過程中，研究有何重要性？**

布料是我的起點。大家知道我以色彩、印花與刺繡聞名，這些元素越衝突，我越喜歡。布料能給我最初的靈感，也經常反映出系列造型的精髓所在。

1　范諾頓 2009 年春夏男裝系列的氛圍板，裡頭包括做為靈感來源的參考圖像、布料、鈕扣與布尺等細節。

2　2009 年春夏女裝系列的氛圍板，裡頭將圖案與針織品、布料、鈕扣加以對比，闡釋范諾頓透過系列服裝所傳達出的連貫故事。

**一天中有沒有哪個時段，讓你們最能發揮創意？**

反正不是早上。

**你們的設計過程是否會運用到攝影、繪畫或閱讀？**

我們會閱讀、寫作、畫素描，設計過程與生活相互結合。所以沒錯，我們閱讀，也看照片，一切都能啟發我們。我們每一季都會將所有的款式畫出來，這是設計過程的一部分。

**是否有什麼靈感來源，讓你們總是一再探究？**

我們的靈感來源就是我們所過的生活，因此包含所見的一切事物。在每一系列的服裝裡，有些元素是不變的：我們會反覆觀賞卓別林（Charlie Chaplin）與時尚造型設計師雷·佩特里（Ray Petri）的作品。

# DUCKIE BROWN

紐約男裝品牌德奇布朗（Duckie Brown）是由史蒂芬·考克斯（Steven Cox）與丹尼爾·席爾佛（Daniel Silver）共同設計。考克斯曾在品牌湯米席爾菲格（Tommy Hilfiger）擔任設計師，而席爾佛原本是電視製作人。兩人通力合作，創造出既優雅又凌亂的奇特服飾。強調肩膀是其服裝系列的重點，講究剪裁的夾克與外套則是發想的起點。2006 年，德奇布朗獲得美國時裝設計師協會（CFDA）的佩瑞·艾里斯男裝新人獎（Perry Ellis New Menswear Award）提名。

www.duckiebrown.com

**依你們的工作方式，有沒有什麼用具是不可或缺的？**

Moleskine 速寫本、施德樓頂級繪圖鉛筆組（Staedtler Mars Lumograph）的 2B 鉛筆、七吋長的鐵尺、施德樓橡皮擦與奔放牌（Bienfang）的半透明素描紙。

**你們最享受設計的哪一個部分？**

這是世界上最美好、最可怕也最刺激的過程，有時候不費吹灰之力，但有時只是在做苦工。

**你們如何描述自己的設計過程？**

先從我們內心深處的強烈直覺與想法開始。我們對自己要做些什麼有很強的感覺，之後就照著進行。我們會隨時在速寫本或任何地方畫草圖，而在速寫本寫東西，已經變成設計過程中很重要的一環。

**你們會不會經歷「靈光乍現」的一刻，知道作品能發展下去？**

會。如果事情對了，內心深處就會有感覺。

**在你們的工作過程中，研究有何重要性？**

我們不斷在研究新的紡織廠與工廠。至於各個系列則是不斷往前進展，不會參考過去。我們向來往前看，永遠都在研究，從不停止。

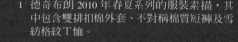

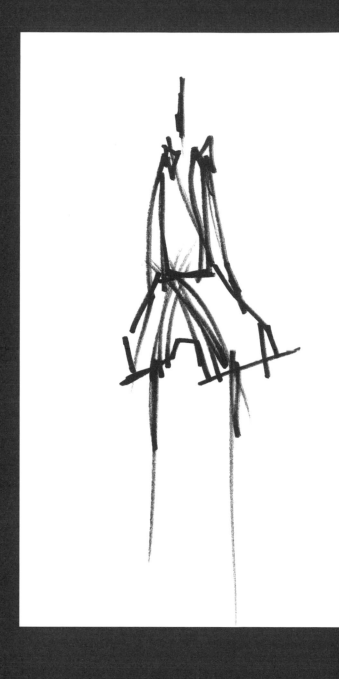

2010 年春夏系列的兩張設計圖。左邊是高
領格子短夾克、不對稱卡其褲、活潑的鮮
藍色雪紡上衣。右邊則是花呢雙排扣夾克、
條紋雪紡上衣與編籃紋棉質短褲。

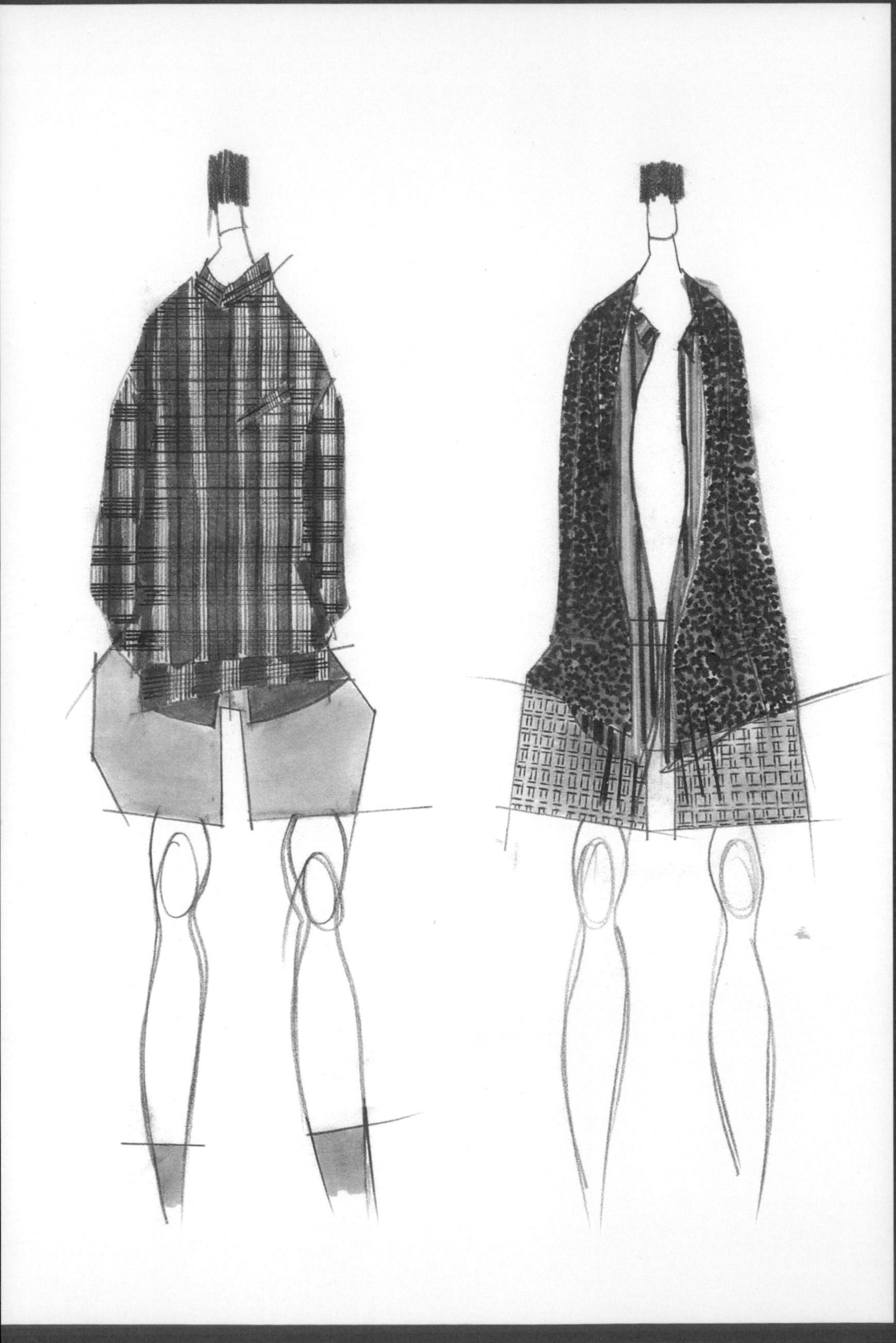

1 花呢厚外套、橘色厚麂皮手套、背包與黑色
  法蘭絨工作褲，選自 2009/10 年秋冬系列。

2 兩側鑲橘色毛織布片的駝色人字寬紋羊毛
  單扣夾克、美麗諾羊毛羅紋頭套式毛衣、黑
  色尼龍厚圓手套、膝蓋加墊黑色彈性尼龍長
  褲，皆屬 2009/10 年秋冬系列。

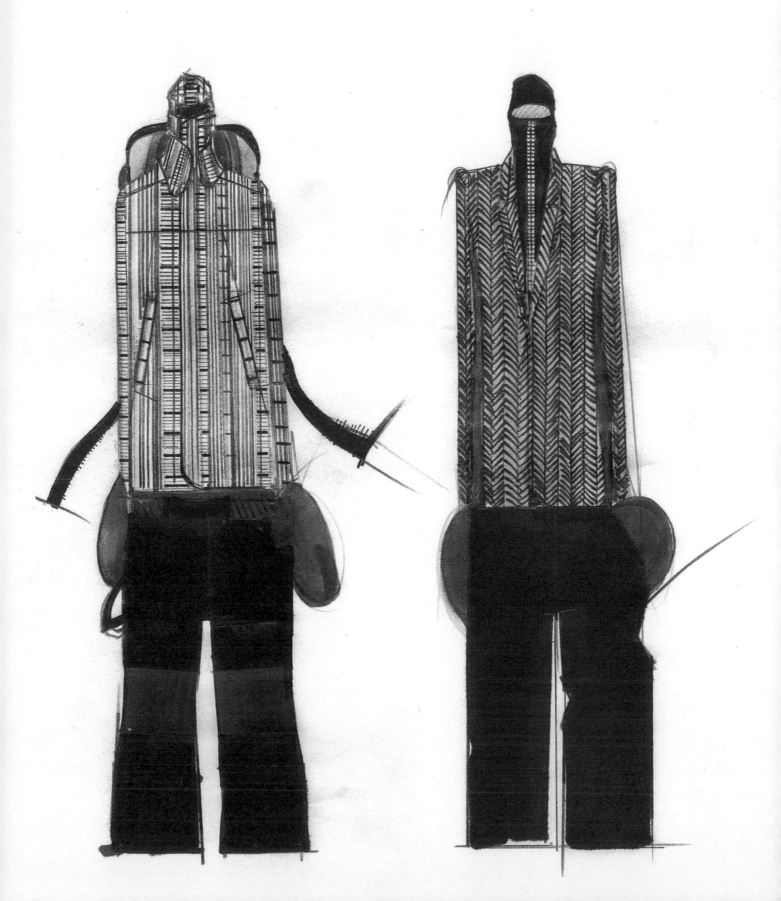

## 你如何描述自己的設計過程？

E.陶茲的設計過程可說是集結眾人的努力。一開始由我、克萊兒與詹姆士三人投身其中，過程當中至少會尋求其他五人的建議，仰賴他們的技藝。我們的設計過程通常要先設想出特定地點的特定角色，這個人必須具體呈現陶茲對優雅男士的概念。比如在前一季，我們一開始設定的形象為溫莎公爵在馬約卡島走上小帆船。他頭戴巴拿馬帽，穿著短褲與帆布草編鞋（espadrille），而且帶著風笛。

## 在你們的工作過程中，研究有何重要性？

在著手設計新系列的過程中，研究是很重要的一步。從最初的概念發想，我們就開始收集許多能呼應核心概念的老照片與當代照片，克萊兒、詹姆士與我會從檔案照片中篩選。我們會應用自己的小藏書庫、時裝學校圖書館與公共圖書館，也會援引一些私人博物館的收藏，後者是很好的靈感來源。只要覺得照片裡的男人所穿的單品很好看，或整體服裝搭配得很不錯，我們就會收集起來，但心中絕不會忘記核心概念。我們先從大量的照片著手，裡頭雖以歷史老照片為主，但也有些當代之作，接著把裡頭人物的服裝拆解開來，並在腦海中重新組合，以求符合現代人的衣著。我們希望設計出歷久彌新的優雅服裝，而不是追隨一時的流行，因此在小細節或簡單的造型中最能找到靈感。

# E. TAUTZ

派翠克·葛蘭特（Patrick Grant）是倫敦薩佛街（Savile Row，位於倫敦市中心，以傳統訂製西裝聞名）的「諾頓父子」（Norton & Sons）服裝店所有人，2009 年以成衣系列，重新推出以運動服與軍裝聞名的歷史品牌「E.陶茲」（E. Tautz）。E.陶茲曾為前英國首相邱吉爾、英王艾德華七世與演員卡萊·葛倫（Cary Grant）等名人裁製服裝，講究材質與耐穿度，而不是追求花俏的布料。該品牌希望他們打造的服裝，能成為顧客精心收藏的衣服，可以代代相傳。

www.nortonandsons.co.uk

## 你們的設計過程是否會運用到攝影、繪畫或閱讀？

我們在研究過程中會頻繁使用攝影，但是到設計階段就不會了。克萊兒幾乎隨身攜帶相機，不停地拍下她喜歡的東西，無論是街上的人、單車、人行道的紋理……什麼都不放過，即便她不確定日後是否用得上。如果有些設計較為棘手，我們偶爾也會先拍照，試試看穿在模特兒身上的模樣，並重新檢討設計，而在整個系列定裝、準備時裝秀之前，拍照也非常重要。至於我自己則是盡量多多閱讀，主要讀我們敬重的人的傳記與自傳。這對我的研究很重要；我想了解那些很有型的人對於自己服裝的見解，以及同時代的人對於這些人與風格有何看法。這類書籍也是絕佳的照片來源，這些照片在許多常見的男性時尚參考資料很不容易找到。

## 什麼會激發你們的設計概念？

克萊兒認為研究至上，要研究才能激發出想法，她深信一定要張大眼睛，觀察身邊一切事物。我們的靈感來源五花八門，有漫步於梅菲爾區（Mayfair）的男人、討論男人與男裝的書籍、舊海報、廣告、在薩佛街訂製西裝的顧客、服裝檔案庫、博物館、布料目錄（包括我們自己及合作紡織廠的目錄）、畫廊、建築、產品設計、跳蚤市場、古董（詹姆士很會收集軍用品，實物與照片都有），還有可能偶然碰上的任何東西。我們是英國品牌，但核心概念其實是探究整體的英國男人，所以從旅遊中也能獲取靈感。克萊兒深受日本藝術、時裝與文化影響，而我較常在歐洲與美國東北部旅行。我喜歡比較特殊的收藏，例如牛津的皮特瑞佛斯博物館（Pitt Rivers Museum），這裡館藏甚豐，從運用大量羽毛製成的斗篷與巨大的鑰匙一應俱全，因此能實際感受到一個英國人是多麼的特別。陶茲的傳承是運動服與軍裝，有些電影便很能和我們的理想產生共鳴，並幫助我們維持連貫的風格。我們會看《阿拉伯的勞倫斯》（*Lawrence of Arabia*〔1962〕）或《火戰車》（Chariots of Fire〔1981〕）之類的電影，不光是為了欣賞其中的服裝，更是要感受到即便在最嚴苛的環境，英式優雅仍無孔不入。

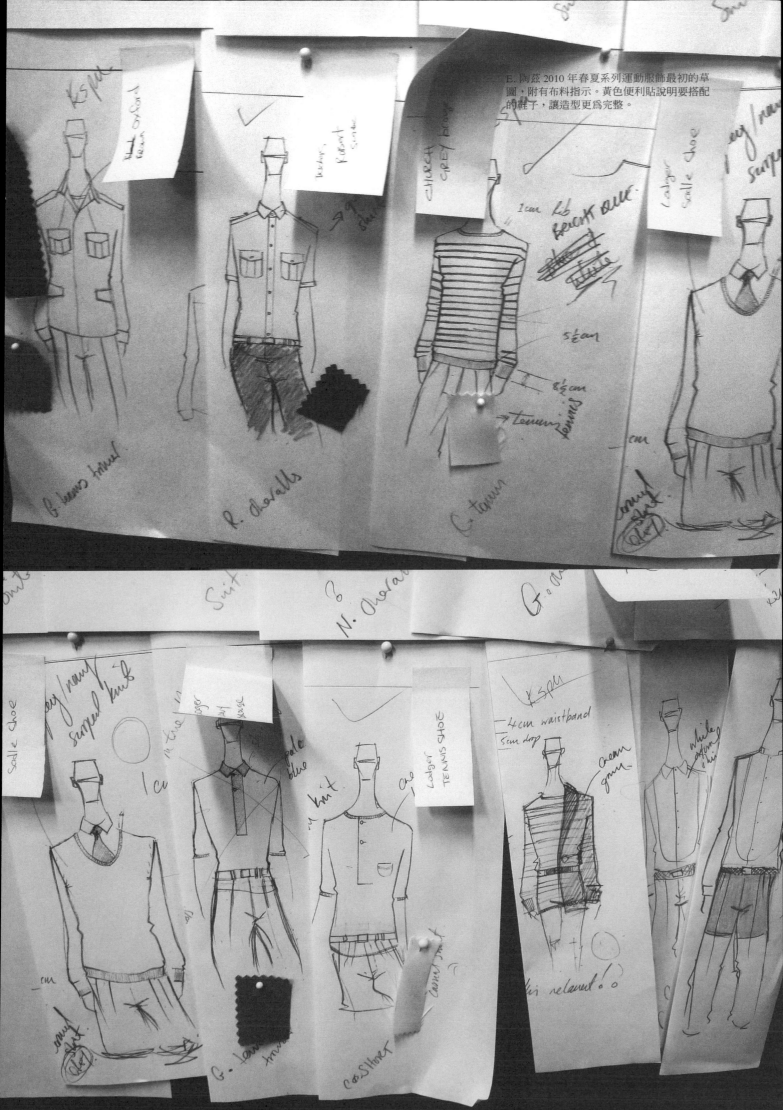

E. 陶茲 2010 年春夏系列運動服飾最初的草圖，附有布料指示。黃色便利貼說明要搭配的鞋子，讓造型更為完整。

**妳最享受設計的哪一個部分？**

感覺到所有概念開始能整合起來的時候。

**妳的靈感來源是什麼？**

有很多，包括能吸引我注意的一切事物，可能是吸睛的東西、技術性研究，或甚至只是一種感覺。

**一天中有沒有哪個時段，讓妳特別有創意？**

不一定，但通常我會在白天處理創意的執行層面，晚上才會多多思考。

**什麼會激發妳的設計概念？**

如果感覺到腦袋中靈光乍現，就能讓我往下一個階段進行。然而，每次到底是什麼激發這些靈光，我實在難以言喻。

# ELEY KISHIMOTO

馬克·伊利（**Mark Eley**）與岸本若子（**Wakako Kishimoto**）是品牌伊利岸本（**Eley Kishimoto**）幕後的設計師。伊利在 1990 年畢業於英國的布萊頓理工學院（**Brighton Polytechnic**），而接受本文探訪的岸本若子，則是在 1992 年畢業於中央聖馬丁學院。兩人於 1992 年合力創辦伊利岸本，爲亞歷山大麥昆（**Alexander McQueen**）與路易威登（**Louis Vuitton**）等知名品牌設計印花。1995 年，伊利岸本首度推出時裝系列，隨即因擅長運用色彩與印花，打造出獨特又不落俗套的服裝而聞名於世。

www.eleykishimoto.com/index.php

**是否有團隊參與設計過程？有的話，他們負責些什麼？**

若少了團隊支援，我就無法從事現在所做的一切。他們會協助我做設計、執行技術面、溝通，也幫我從一團混亂中理出頭緒。

**妳的設計流程是否有例行的程序？**

我喜歡找出簡單的方式，但如果找到的話，恐怕會覺得無聊吧。

**在妳的工作過程中，研究有何重要性？**

在設計發展的過程中，許多階段都會牽涉到研究，從沒有特定目的、純爲滿足好奇心而隨機翻閱各類主題的書，到爲了尋找技術資訊的實際層面都是如此。我會去記憶、記錄、收集、書寫與速寫。我常常花很多時間爲各種設計目的畫圖。

**妳如何描述自己的設計過程？**

這是一趟將心中的概念化爲最終產品的旅程；有時快速簡單，有時則阻塞、延遲、迂迴、迷惘，甚至行不通而放棄。不過，這趟旅程多半能讓我對新概念更爲開放。

**依妳的工作方式，有沒有什麼用具是不可或缺的？**

我的工作方式都差不多，會仰賴許多工具，從水彩筆到網版都包括在內。但如果眞要列出必備用具，應該是離我最近的紙筆吧！

**對妳而言，在什麼樣的環境下工作最好？**

我家的工作間，在這裡可以於工作與休閒狀態之間輕鬆轉換。

顏色與印花是伊利岸本的設計不可或缺的部分。這幅布料拼貼展現出 2004 年春夏系列「蝶群惡夢」（Butterfly Brigades Nightmare）的印花與色彩概念。

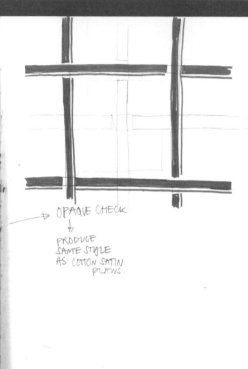

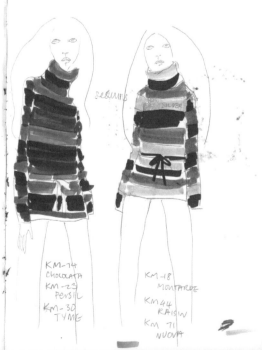

1,2 在 2007 年春夏系列「回歸繪圖板」（Back to Drawing Board）中，設計師以鉛筆和水彩來試畫進行中的印花與服裝概念。印花概念的細節採用手繪，直接呈現出設計師心中的設計。

3 2004/05 年秋冬系列「獵人與製陶匠」（A Hunter and A Potter）的針織服草圖。此處運用彩色筆的技巧，清楚傳達出服裝輪廓和給人的感覺。

4 這幅活潑的印花設計名為「甜言蜜語」（sweet talk），選自 2006 年春夏系列「宇宙娃娃到地球」（Cosmic Dolls on Earth）。

**是否有團隊參與設計過程？有的話，他們會做些什麼？**

每一場服裝秀的風格皆由凱西·艾德華茲（Cathy Edwards）定調，而在整個流程中，她會與我密切合作。蕭娜·席斯（Shona Heath）也會參與整體概念，雖然大家認為她是布景設計師，但她一直協助我設計印花、製作陳列服飾。我先生尼爾（Neil）則負責品牌設計、邀請函與目錄。

**妳的設計流程是否有例行的程序？**

我的服裝很講究織料，因此總是以布料、印花或刺繡做為出發點。

**什麼會激發妳的設計概念？**

無論是電影、書籍、音樂或是攝影，都能激發我思考。若是幾年內應該不會用到的東西，我也會收藏到檔案夾中。

# EMMA COOK

艾瑪·庫克（Emma Cook）1999 年畢業於中央聖馬丁學院，在 2000 年的倫敦時裝週推出自己的服裝系列，所展出的 2001 年春夏裝為她女性化的時裝設計手法打響名聲。庫克的服裝系列皆由一個名叫「蘇珊」（Susan）的虛構人物所啟發。在打造每一季的款式時，庫克會想像這個年輕女孩穿越時空，進而影響她所選擇的布料、印花與細節，而且她也經常運用手繪與手工質感。庫克過去的系列常融合天馬行空的造型與印花棉布的風格，還會將雷射切割的圖案鑲到垂墜式的平織布衣服上。

www.emmacook.co.uk

**在妳的工作過程中，研究有何重要性？**

研究過程是我最喜歡的一部分，對整體系列十分重要。我喜歡收集數以百計的不同參考資料，並加以融混，以打造出全新的東西。有時候，一個系列會先從名稱展開，例如「寂寞蘇西」（Lonesome Suzie）便是來自「樂隊合唱團」（The Band）的一首鄉村歌曲，從這裡展開所有的參考來源，包括美國文化、寡婦、黑蕾絲、鄉土搖滾文化及選美比賽。

**是否有什麼靈感來源，讓妳總是一再探究？**

當然有。新藝術、馬戲團表演者與超現實主義一直悄悄帶來影響。

**一天中有沒有哪個時段，讓妳特別有創意？**

早晨。那時其他同事還沒來，大約是八點半左右。

**妳會不會經歷「靈光乍現」的一刻，知道作品能夠發展下去？**

我喜歡服裝秀之前的一個星期，那時我已經做完所有「嚴肅」的事情，例如製作出大家想穿而且可以生產的衣服。之後我會在工作室做些展示品，這些服裝不必進入生產階段，因此可以更加天馬行空，我很喜歡這樣。

**對妳而言，在什麼樣的環境下工作最好？**

我喜歡和艾德華茲與席斯這群朋友一起在工作室工作。我們向來通力合作，而她們每一個系列都會參與。一同工作總是能集思廣益，也更有樂趣。

這件製作中的洋裝選自庫克 2008/09 年秋冬系列「寂寞蘇西」，上面飾以施華洛世奇（Swarovski）水晶。攝影：克萊兒‧羅柏森（Claire Robertson）。

庫克的工作室位於倫敦東區，此為 2008/09
年秋冬系列的研究全部貼在一面牆上，靈感
來源包括布料、圖案、色彩與繪圖。

**一天中有沒有哪個時段，讓妳們特別有創意？**

傍晚。

**妳們最享受設計的哪一個部分？**

一切水到渠成就是最開心的時刻，這時對於自己的想法很有信心，一切豁然開朗。最難的部分，就是如何抵達上述境界。

**對妳們而言，在什麼樣的環境下工作最好？**

我們向來在工作室裡工作。有好長一段時間，我們根本負擔不起工作室所需的費用，因此現在更加珍惜這個工作空間。這裡有空間讓我們與團隊在裡頭工作，是很能發揮創意的環境。

# FELDER · FELDER

安妮特（Annette）與丹妮耶拉·費德（Daniela Felder）這對雙胞胎姊妹，皆就讀倫敦中央聖馬丁學院。安妮特修習時尚傳播與推廣，丹妮耶拉則攻讀時裝設計。姊妹倆在校期間已決定結合雙方才華，成立女裝品牌「費德·費德」（Felder · Felder）。她們在 2006 年畢業，同年應 Gen Art（國際知名機構，以發掘並支持電影、時尚、音樂、視覺藝術界新人為目的）之邀到紐約時裝週展出其服裝系列。初次登台的作品大獲好評，並為費德·費德新潮但不失女人味的風格奠定名聲。

www.felderfelder.com

**依妳們的工作方式，有沒有什麼用具是不可或缺的？**

用來速寫的白紙與黑筆。我們會在速寫本中製作拼貼，因此還會用到影印、小塊布樣、圖片、剪刀與膠水。

**妳們會不會經歷「靈光乍現」的一刻，知道作品能夠發展下去？**

當然會。如果某件事情可以發展下去，你一定會明白的。這時一切適得其所，看起來非常自然且毫不費力。

**在妳們的工作過程中，研究有何重要性？**

一旦知道要往哪個方向前進之後，研究就會在設計過程中佔有吃重的角色。我們的研究會依據靈感的不同，每一季都有差異，但一般來說會包括看電影、紀錄片、音樂影片的片段、去舊貨市場、收集照片貼到速寫本上，之後就著手實驗。

**妳們如何描述自己的設計過程？**

我們總在尋找能帶來靈感的氛圍，以及能符合那股特殊氛圍的代表符號。

~~NIRVANA~~ ② — Tailing
~~Aw ~~~~drink~~
~~~Styles of~~ DRESSES — Fitting

burnt black Leather
→ dress COVERED
  with
→ SCREWS
  and
→ cam borrows

which are bigger at
Top and grade smaller
towards Hem
silver / gold mix

dress interfaced.

→ bigger SCREWS

→ smaller SCREWS

Slit in Back

"Linda"
~~A DRESS~~

→ Black Leather - NAPPA
→ Black SUEDE OR ~~PATENT~~
→ Black Chiffon
→ GREY Chiffon (maybe
→ Black Dondi for
  BODICE (maybe)

Experiment!

PC FRAW → PATTERN!

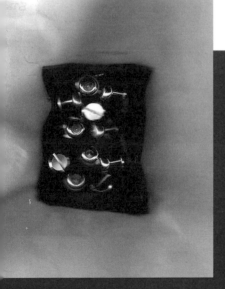

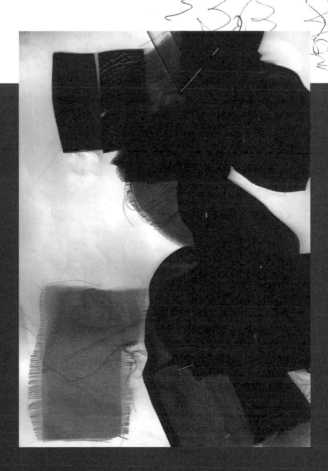

| 1 | 3 |
| 2 | 4 |

1.2 此圖為一件「超脫」（Nirvana）洋裝的設計發展圖，屬於 2009/10 年秋冬「豪華的垃圾搖滾」（Grunge de Luxe）系列。洋裝以皮革構成，並用數百個鉚釘裝飾出花樣，為服裝營造出搶眼的閃亮效果。

3.4 拼接洋裝的設計發展與細節。上半身是用皮革與麂皮製作，而裙子則是以一層層襞褶狀絲綢製成，布樣說明了布料如何層疊起來。所有作品皆由安妮特與丹妮耶拉·費德繪製與手工打造。

**在你的工作過程中，研究有何重要性？**

我的研究範圍很廣泛，從在現有的照片與物品中尋找靈感，到與周圍的人們溝通都包括在內。當我要清楚界定出研究與調查的新領域時，這些人都很重要，他們可能是藝術家、作家、音樂家或合作者，給我的啟發可能是透過文學、藝術，有時是他們幾乎已經被遺忘的工作方式或工藝。我很敬重這些來自不同領域的合作者與匠師，他們能很輕易地與我的時裝設計手法產生連結。提問、傾聽、理解並接受這些工作方式，以及將他們的技藝融入我的設計之內，都能夠帶來令人滿意的重要成果。

**你的設計過程是否會運用到攝影、繪畫或閱讀？**

閱讀書籍對我的設計過程很重要，因為書本中對情境、地方與人的描寫，可以打開我的視野，我也能據此展開新的系列與設計。而在建立研究領域、傳達環境與情境之時，攝影也扮演舉足輕重的角色，能傳達出我的美學觀與背景。

**在設計過程中是否有團隊參與？**

設計是以非常個人的方式，將深藏在心中許久，或近來才發現的想法與時刻整合起來。我的服裝代表我的名字，因此基本工作必須由我親自實踐，不能由他人代勞，否則我會覺得對自己的理念不誠實。

**一天中有沒有哪個時段，讓你最能發揮創意？**

通常白天在辦公室時，會有電話、忙碌的助理與生產工作要應付，所以其實沒什麼時間專心開發新方式與途徑。我喜歡在一天中較安靜的時刻工作，例如在大家來上班之前或下班後，那時最容易專注於新想法。

**你會不會經歷「靈光乍現」的一刻，知道作品能發展下去？**

對我而言，「靈光乍現」的一刻無法指明該如何找出、如何開發新的做法與途徑，只能算是輔助而已。

# FRANK LEDER

出生於德國的法蘭克·雷德（Frank Leder），過去是在倫敦的中央聖馬丁學院學時裝設計，求學期間便著手設計自己的服裝系列，販售給倫敦蘇活區（Soho）的時裝精品店「松果眼」（Pineal Eye）。雷德從 1999 年起，開始在倫敦展出服裝系列，2002 年首度於巴黎推出男裝系列。2002 年雷德回到柏林，他所創作的服飾皆源自於所處的設計環境，藉以凸顯身為德國人的身分。

www.leder-inagaki.com

**你最享受設計的哪一個部分？**

最享受的部分是當一切能彙整為一個整體時，這時每一個有意義的片段，會突然在我的設計中找到適當的位置，而且互相聯繫，為自己發聲，但訴說的依然是法蘭克·雷德的獨特語言。

**是否有什麼靈感來源，讓你總是一再探究？**

有。我對過去的德國進行一種社會文化研究，以挖掘出早已遭到遺忘的儀式與社會背景。那是某種從來不曾存在的傳奇之地，是表面底下更為陰暗的動盪世界，得多看一眼才能明白。然而，我也得為故事稍微加點變化才行。

**你的設計流程是否有例行的程序？**

我從不停止研究與設計，也不會侷限在特定時間進行。我可能在製作新系列的途中，突然冒出強烈的想法，讓我想要說一則故事，於是我會抓住這個想法，立刻納入作品的脈絡中。最重要的是要讓自己永遠能感知新的想法與思考方式，保持開放的心態。

**你如何描述自己的設計過程？**

我的設計過程是一條自然演進的道路，可通往預料之外的領域，具有啟發性，同時也是黑暗的，並包括我生活與設計的環境中從未探訪過的角落，但這個過程依然保有我的設計語言與風格背景。我會讓時光倒流，以求獲得靈感，用現代手法與心中的目標重新詮釋文化史。

**依你的工作方式，有沒有什麼用具是不可或缺的？**

概念並不會受到特定物品的限制。我隨身攜帶黑色小本子，裡面會記錄一些想法與話語，然而紙巾也能供我書寫，同樣可以傳遞概念，當做備忘錄。

**什麼會激發你的設計概念？**

在塑造我自己的設計觀時，作家扮演重要的角色，其中知名的人物包括托馬斯·伯恩哈德（Thomas Bernhard）、彼得·漢克（Peter Handke）、齊格飛·藍茨（Siegfried Lenz）、恩尼斯·榮格爾（Ernst Jünger）、鈞特·葛拉斯（Günter Grass）與湯瑪斯·曼（Thomas Mann）。

1 雷德的氛圍板相當特別，
　傳達出他的服裝系列受
　到哪些影響。2008/09 年
　秋冬系列「化外之境三：
　流浪者」（Hinterland 3:
　Vagabund）所受到的影
　響包括地圖、獎章與水
　彩畫。

2 2009/10 年秋冬系列「盜
　獵者」（Poacher）的圖
　片參考來源，裡頭包括
　舊鈕扣與一名盜獵者的
　老照片。在這個初期階
　段，布料對雷德也很重
　要。

1　舊照片與布樣為 2006 年春夏系列「落葉歸根」（Back to the Roots）帶來靈感。

2　2008 年春夏系列「化外之境二：血肉之軀」（Hinterland 2: Fleisch）的參考資料，包括機械物件與舊照片。

3　雷德的工作室，看得出設計師獨特的功能主義實用美學，這個態度也融入了他所設計的服裝之中。

4　2008/09 年秋冬系列「化外之境三：流浪者」的參考圖像與物品。

5　舊書與圖片皆影響了 2008 年春夏系列的概念。

2009年春夏系列「工藝」（Wertarbeit）的
參考照片、布料、圖像與色彩。

1 為 2007/08 年秋冬系列「化外之境：礦物」
（Hinterland: Erz）賦予靈感的物品與圖像。

2 編織品的參考，這並不屬於任何特定系列，
卻是雷德編織品的整體靈感來源。

3 雷德總是隨身攜帶筆記本，以記錄想法與靈
感。

### 妳的設計流程是否有例行的程序？

我的設計過程全在十指之間。在雙手開始動工之前，我對於想達成的成果只有很基本的粗略概念，只能聽憑神奇的雙手擺布。我不太了解其他設計師先畫草圖、再畫平面圖的做法。對我來說是先隨意玩玩東西，再看看如何與人體搭配。我喜歡製作一些小小的雕塑，那些東西的最終目的正巧是拿來穿戴用的。我最喜歡這樣，因為過程充滿驚喜的元素。

### 依妳的工作方式，有沒有什麼用具是不可或缺的？

我多半會用紙張來試作原型，這是我最熟悉的工具。紙張便宜，用過隨丟，卻能快速變出漂亮的東西。剩下來的試作品還可當成有趣的紀念品，寄送給朋友。材料各有它的特殊性，我每回總會使用一些不同的材料，它會主宰本身的命運。作品是勉強不來的，而我喜歡純粹透過製作來主導設計作品本身。

### 妳如何描述自己的設計過程？

我會先在腦海中想像，接著設法將它以立體的方式複製出來，第一步是以我認為最適合的材料，在表面質感、造型或輪廓方面進行嘗試。我會以原型做實驗，然後把各個部分結合起來，看看是否能與人體搭配。有時會出現意外驚喜，進而發現新的技巧。我會把這些東西別到人檯上，拍下照片，以便繼續修正，並勾勒出最終作品的輪廓。然後我可能會把照片印出來，並寫下備註。我的設計流程主要是在收集材料，把它們好好玩一番！然而，我也喜歡善待自己，給自己一週的時間去看展覽。我要全心開發新的系列之前，必須先從眼前的委託案跳脫出來。為了要加以切割並有意識地轉換，我會花一週時間好好地旅行。我太忙了，常常錯過博物館與藝廊的展覽，因此這是我能寵愛自己、好好彌補自己的機會。這不會直接影響我的作品，卻能讓我的創意繼續湧現。

# FRED BUTLER

芙瑞德‧巴特勒（Fred Butler）是道具製作師兼配件設計師，2003 年畢業於英國布萊頓大學（University of Brighton）。她原本是布景設計師蕭娜‧席斯的助理，日後則為《ID》與《Dazed & Confused》等時尚雜誌製作配件。此外，她也為派崔克狼（Patrick Wolf）與小短靴（Little Boots）等音樂人製作一次性服飾。2008 年，巴特勒正式推出自己的時裝配件系列，其繽紛的作品正好為創意配件設計的新浪潮推波助瀾。

www.fredbutlerstyle.com

### 妳最享受設計的哪一個部分？

將心中不自覺醞釀已久的事物製作出來，會令人很開心。我認為身體裡似乎有其他東西在流動，卻不知道會發生什麼事。同樣地，這也可能很可怕。如果期限很短，我得暗自祈禱，希望潛意識能喜歡創意，否則會很痛苦，只會把情況弄得更糟。

### 在妳的工作過程中，研究有何重要性？

對我來說，研究是隨性的。我仍然在製作道具，而透過那些委託案可以觸發我的靈感。被迫去尋找些奇特的材料、做出奇特的東西，能啟發我自己作品的概念。看來我很幸運，能讓這兩種工作互依互存。

### 是否有什麼靈感來源，讓妳總是一再探究？

我常常會拿過去製作的某個東西當做起點。如果先前案子的小設計模型有放到一旁保留著，我就會去把它挖出來，看看是否有重新探索的機會，並拓展它的可能性。我很重視直覺，經常跟著無法言喻的感覺走。能在每一季看到自己的潛意識與其他系列結合，真是件美妙的事。

### 妳是否會感受到「靈光乍現」的一刻，知道一項設計可以行得通？

當然，這時腎上腺素會大量分泌。雖然不知道神聖的靈光會在何時乍現，但真的發生時我會很興奮，完全不顧時間流逝，因為我實在樂在其中。我很挑剔，非常投入細節，對於如何實踐最終成果的程序很重視。能解決每一個階段並看出下個階段該做些什麼，令人非常有成就感。我的主要目標是做出先前沒人看過的表面與質感，這會牽涉到許多不同的費工技術。我想，這和烹飪有點類似。拿到一份食譜照著做並不難，但唯有在聽從直覺，加入意想不到的元素時，成果才會新穎完美。

### 一天中有沒有哪個時段，讓妳最能發揮創意？

我喜歡當個早起的鳥兒，這樣才有蟲吃。我和那些三更半夜創意才會湧現的藝術家截然不同，到了晚上我會思路停滯，精疲力竭，通常也會恐慌，根本不可能做出什麼好東西。我覺得四下沒有太多動靜的清晨，是專屬於自己的時光，這時我有放鬆與創作的空間，不必接受電子郵件與電話的轟炸。

巴特勒的設計過程著重從錯誤中學習，進行立體實驗，而不是以速寫的方式來設計。「十二面體的碰撞」（Dodecahedron Collision）是 2008/09 年秋冬系列的作品，探索的是小木屋所啓發的拼布圖案，並運用了醋酸纖維、乙烯塑料、噴漆與彩虹膜摺紙進行實驗。

在 2008/09 年秋冬系列中，巴特勒探索立體皮革拼縫物，並演變爲立體的十二面體球形項鍊。

在 2009/10 年秋冬系列「繞日帶電體」（Heliocentric Electric）中，巴特勒運用塑膠、毛氈和銀色隔熱緊急用毯做成碟型實驗品。設計師也製作了立體亮片，營造視覺錯覺。

在 2009/10 年秋冬系列所做的填充絎拼布實驗，包括手繪絎織品，以及用壓克力顏料在紙上繪圖。圖案的參考來源來自啦啦隊彩漆。

**你的設計過程是否會運用到攝影、繪畫或閱讀？**

我有許多靈感來自攝影，因爲它夠具象，同時又能釋放我的想像力。另外，用老式經典服飾當做靈感來源，又會是不同的過程。此外，在城市或建築中遊走也能帶來靈感。

**是否有什麼靈感來源，讓你總是一再探究？**

我喜歡用書籍與電影當做靈感來源，但是之後得把它們忘掉，在心中謹記最初的想法。重點其實是在於力量與節奏。就最近幾季的系列來說，我專注於美國音樂劇導演包伯·佛西（Bob Fosse），以及他和麗莎·明妮麗（Liza Minnelli）合作的《麗莎的名字有個「Z」》（*Liza with a 'Z'*〔1972〕）。此外，西班牙藝術家安東尼奧·羅貝茲·賈西亞（Antonio López García）作品的力量影響了我好幾個系列。裝飾藝術的風格也會在每一季有意無意地出現。

**在你的工作過程中，研究有何重要性？**

布料能給我許多靈感。我只要摸到一塊布，就能在其中看出一件衣服，也立刻明白是否適合我。此外，過去的時裝秀也能爲新的系列氛圍注入力量。我時裝秀中的某個神奇時刻，可以爲下個系列帶來獨特新穎的靈感。

**你如何描述自己的設計過程？**

很私密，最初很難轉化爲繪圖，因爲想法與靈感太多了。繪圖能使我的設計過程更清晰，而把各個部分的版型組合起來時，就會變得明確！

**你的設計流程是否有例行的程序？**

有，所有步驟永遠都一樣，只不過有些會發展得較慢、較困難。我越來越常在人檯上試布料，比較少畫圖。

# GASPARD YURKIEVICH

賈斯帕·尤基維奇（Gaspard Yurkievich）出生於巴黎，**1991** 至 **1993** 年在當地的時裝學院「貝索工作室」（**Studio Berçot**）就讀。在 **1992** 與 **1993** 年時，他分別爲堤耶里·穆格雷（**Thierry Mugler**）與尙保羅·高堤耶（**Jean Paul Gaultier**）工作，**1994** 年則擔任尙·柯隆納（**Jean Colonna**）的助理。後來尤基維奇創立了自己的品牌，並在 **1998** 年獲得法國國立時尚推廣協會（**ANDAM**）的資助，其 **1999/2000** 年秋冬成衣系列在巴黎首度亮相。

www.gaspardyurkievich.com

**你最享受設計的哪一個部分？**

我喜歡看到腦袋的想法具體成眞。一開始，這是存在於我團隊中的一種親密、甚至神祕的氣氛；接著在整個系列定裝之後，服裝秀當天會大量曝光。私密的工作時間，與服裝秀或在採購人員面前展出作品的興奮與壓力，兩者正好形成對比，不過我很樂在其中。我覺得越來越難的部分，在於如何用繪圖跟團隊分享我心中的想法，然而這一環我也甘之如飴。

**你的研究與設計方式如何從平面轉變爲立體？**

我和打版師一起合作；每個系列她都從頭開始參與，所有的服裝都有她的特色。有時她會先提出問題，不必等她問完我就會插嘴回答……我們彼此很有默契。在繪圖時，我們有八成的時間一起合作，會一起做立體剪裁，討論細節。之後她就開始動手，呈現更精準的服裝樣貌。如果布料給了我們更多驚喜與靈感，那麼我們就隨之做些改變。

**依你的工作方式，有沒有什麼用具是不可或缺的？**

我會把技術繪圖交給打版師，她是我在發展整個系列的主要合作者。因此我需要細筆才能畫得精準，若用電腦就更能精準說明了。

**對你而言，在什麼樣的環境下工作最好？**

週末時的辦公室，這時裡頭沒有人，電話也不會響；我無法在渡假屋或在我家工作。

**一天中有沒有哪個時段，讓你最能發揮創意？**

沒有特定的時間。但運動能讓頭腦更清楚，創意過程的成果也會更豐碩。

**你會不會經歷「靈光乍現」的時刻，知道一項設計可以行得通？**

喔！會的。原本分開進行的所有元素能清楚、連貫地整合起來，那時的感覺最奇妙了。

1

—

2

1  衣服在立體剪裁時，會先用一個個版型
   裁片來剪裁，再組合起來。由於衣服是
   由好幾個部分組成，因此每個部分都會
   以數字編號，以供參考。

2  在尤基維奇的工作室，可以看到小塊布
   樣釘在牆上，用來激發靈感或當做參考。
   攝於 2009 年 6 月。

i = 23,8m
loose

i = 13,2 m
small

K

K = 55 m
brown
(10n)

k = 34m
blue
(10n)

GASPARD YURKIEVICH   決戰時尚設計伸展臺

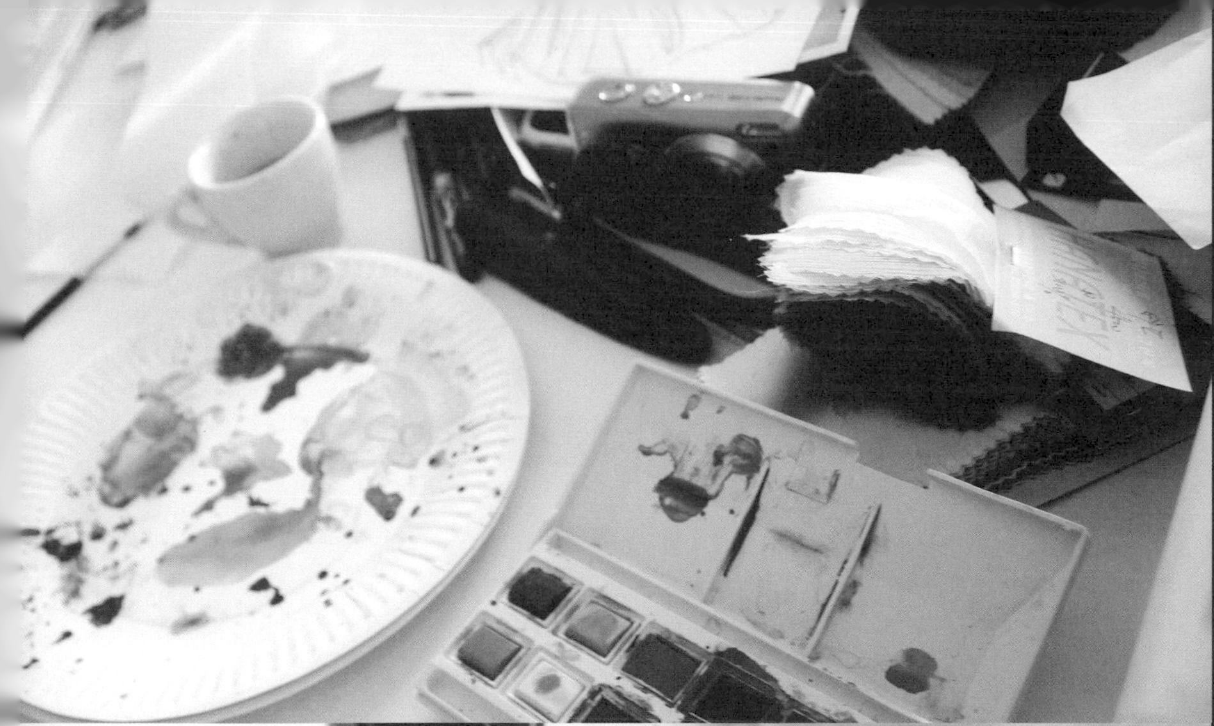

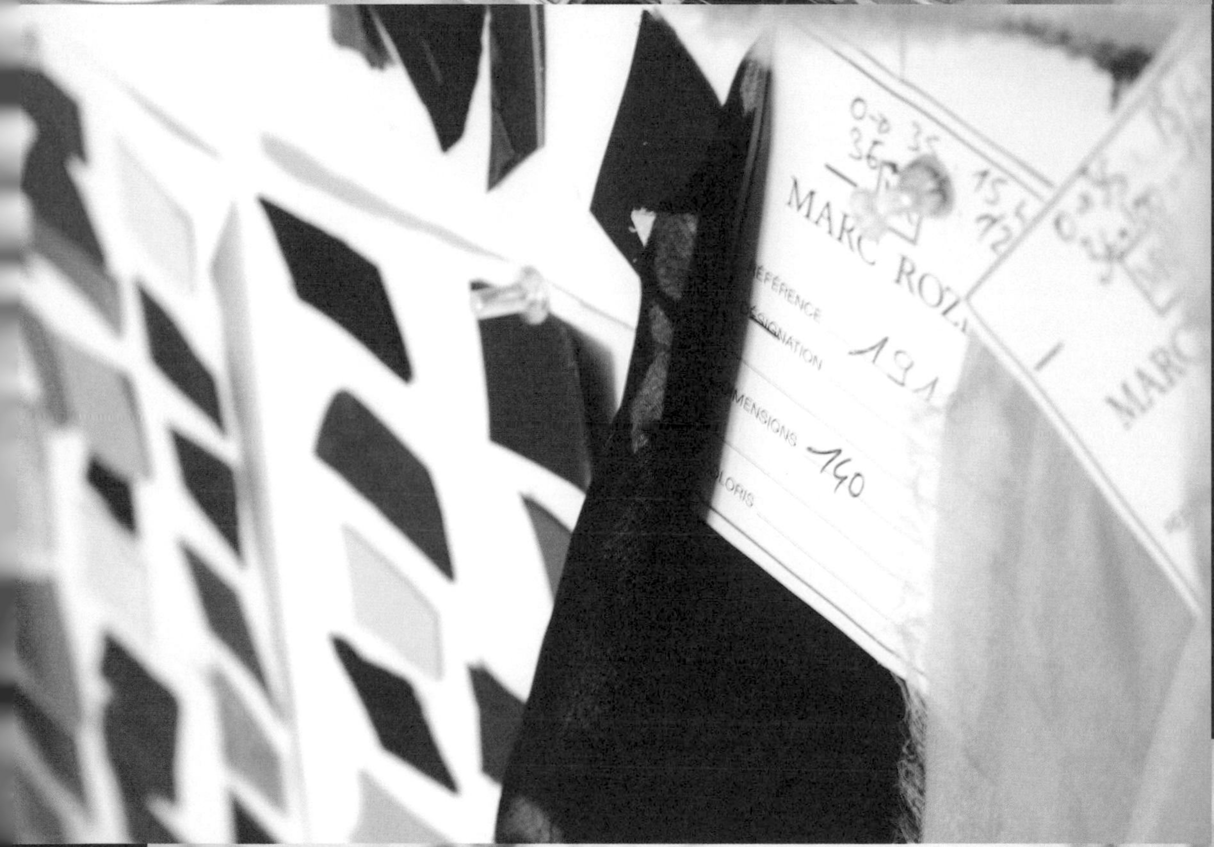

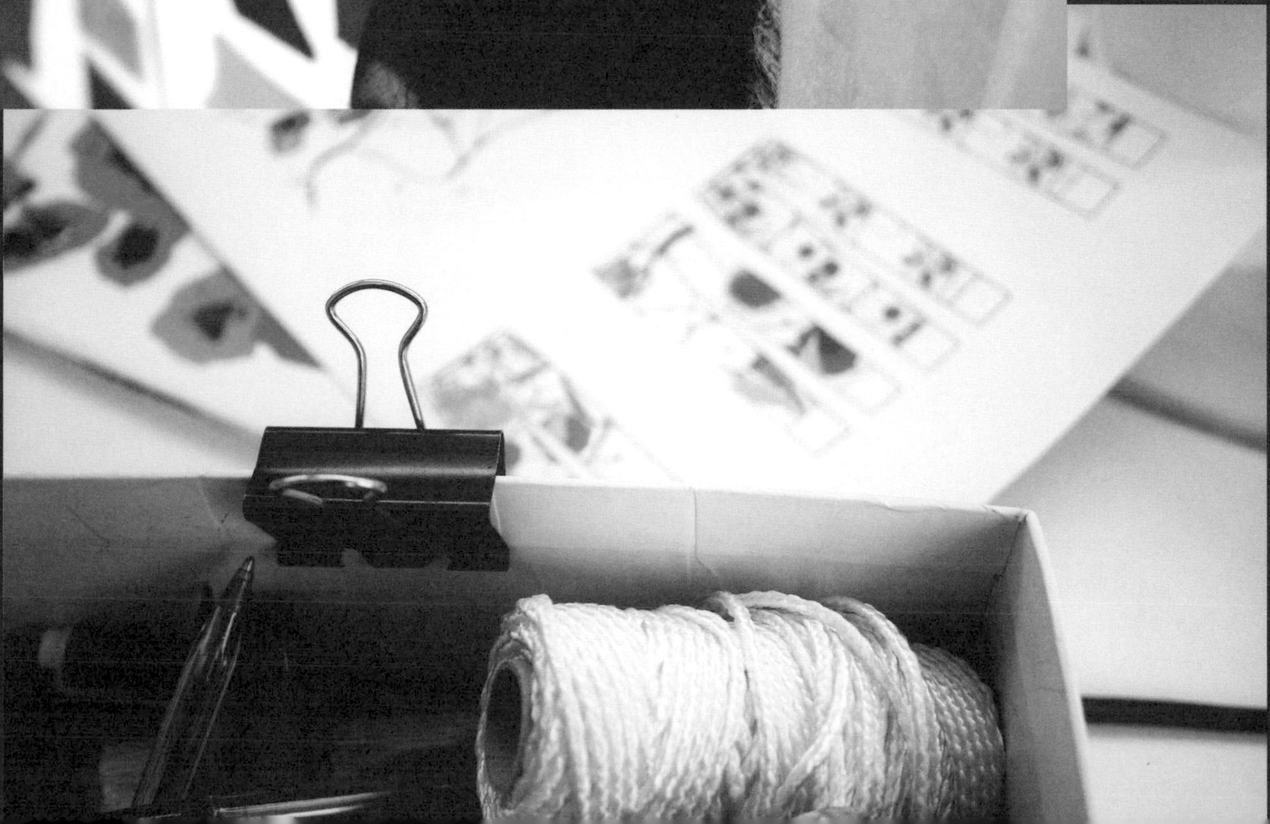

1 | 2
  | 3

1 最終設計的插畫會與小塊布樣一起釘在牆上。攝於2009年6月。

2, 3 在尤基維奇的作品中，色彩對每個層面來說都很重要。水彩色樣會影響布料與紗線的選擇。

**你會不會經歷「靈光乍現」的一刻，知道一項設計能行得通？**

一個點子從腦海中冒出來的時候，那股興奮感實在非常美好。有趣的是，這可能在任何時間發生。我會持續思考一個系列，這個過程通常是要將概念修整出一種「純粹的」氛圍，讓它能表現出理想的女人。

**你會如何描述自己的設計過程？**

這是一個演進的流程，首先從一個系列的概念主題展開，我會不斷回過頭來看這個主題，以免失焦。

**對你而言，在什麼樣的環境下工作最好？**

我可以隨時隨地在速寫本上畫圖，然而我喜歡待在倫敦工作室，腳邊有愛犬布里（Bully）陪伴，同時播放好音樂。

**你的設計過程是否會運用到攝影、繪畫或閱讀？**

我的設計過程會動用所有的感官，因此多半會依據某個主題聽音樂、拍照、畫圖、收集可以用在這個系列的樣本與物品（例如石頭與寶石）。我的工作方式並非一成不變，正因如此，我熱愛時裝；時裝是一種包羅萬象的組合，能刺激、喚起新一季的氣氛。

**是否有什麼靈感來源，讓你總是一再探究？**

我從不重新探究相同的主題或概念。通常每一季都有新展望與新觀點，這樣比較有啟發性。我的思緒常常是先從一個物件開始。我從不參考時尚史的哪個時期。

# GRAEME BLACK

葛雷姆‧布萊克（Graeme Black）在愛丁堡大學修讀時裝，1989 年畢業。之後他到倫敦，為約翰‧加里亞諾（John Galliano）與珊卓拉‧羅德斯（Zandra Rhodes）工作，1993 年搬到義大利，在萊卡門（Les Copains）擔任設計師，日後更在米蘭伯格努沃街（Borgonuovo）擔任亞曼尼（Giorgio Armani）黑標系列（Black Label）的首席設計師。2001 年，布萊克成為菲拉格慕（Ferragamo）的女裝首席設計師，2005 年他自創品牌，但依然為菲拉格慕掌舵。諸如伯納‧李奇（Bernard Leach）和麥克‧卡杜（Michael Cardew）等陶藝家、義大利工藝，以及故鄉蘇格蘭發達的紡織業，皆是他服裝系列的靈感來源。布萊克以奢華美麗的服裝聞名，反映出他在高級時裝品牌工作的歷練。他的服裝系列最能吸引要求優雅設計手法的頂級顧客。

www.graemeblack.com

**你的研究與設計方式如何從平面轉變為立體？**

一旦我選定材料，發展出任何特定的工藝或技術，並設計好一件衣服之後，就把這個概念交給打版師與技術人員，並和他們溝通，說明我希望這件衣服是什麼模樣。這通常是流程中最關鍵的部分，因為團隊會詮釋你的想法，化為立體的成果。這個過程也最微妙：設計師的好壞都得仰賴詮釋者。

**你最享受設計的哪一個部分？**

最美好的部分就是看到心中的想法化為立體的服裝。我喜歡看第一件樣本。最糟的事情是我的動作得快一點，才能在想法被遺忘之前把它畫出來！這一向很難！！

**在你的工作過程中，研究有何重要性？**

在任何一個系列，研究都是最重要的起點。通常我會對某個主題發生興趣，因此想要更深入了解。這個主題可能從帆船（2009 年春夏系列）到寶石與礦物（2009/10 年秋冬系列）都包括在內。研究能夠啟發我，並開啟新的想法，讓系列中的每一件衣物都更豐富、更有深度。為了 2009/10 年秋冬系列，我參訪了自然歷史博物館，館藏中寶石與岩石的神奇特質，令我讚嘆不已。於是，我又到圖書館找書研究，這成為顏色、印花、量感與質感的起點。真的很有啟發性。

**依你的工作方式，有沒有什麼用具是不可或缺的？**

我一向用黑色簽字筆與彩通色筆畫圖（常常是在火車與飛機上！）。我會將概略的想法畫在速寫本上，之後依照服裝秀的順序重新繪製、上色，並說明布料與質感。

1　2009/10 年秋冬系列的「筒型高領鬱金香外套」（Funnel Neck Tulip Jacket），以彩通色筆與金色顏料繪製。

2　「我的設計過程總是先琢磨選定的系列概念或氛圍，並了解該以什麼樣的元素為這一季營造強烈的意象。」布萊克表示：「一旦做完之後，關於材料的想法就會出現並且逐步成形，之後再構思出每一件衣服的造型與結構。」設計師的繪圖會傳達出每一系列的氛圍。此為 2009/10 年秋冬系列的「緞帶洋裝」（Ribbon Dress）設計圖。

3　布萊克的插圖會誇張地描繪輪廓，但是能精確傳達出服裝的精髓、精神與態度。此為 2009/10 年秋冬系列的一件印花鬱金香緊身洋裝。

4　抓皺鬱金香洋裝，屬於 2009/10 年秋冬系列。

你是否會感受到「靈光乍現」的一刻，知道一項設計行得通？

「靈光乍現」的那一刻，是指我一開始想到要做些什麼的時候；之後的過程就是一連串起伏，直到概念完全解決、實現。

對你而言，在什麼樣的環境下工作最好？

我在任何地方都會思考，並將想法草草寫在隨手取得的東西上。但我只有在工作室才能真正專心，並沉浸於設計過程，因此工作室是我的創意溫床。

你最享受設計的哪一個部分？

最美好的部分是一開始能夢想出一個系列，之後再落實到紙張上。最困難的部分則是將它轉化為真實之物，並完美執行。

你的研究與設計方式如何從平面轉變為立體？

我在腦海中發想時是立體的，接著畫在平面的紙上，然後在人檯作立體剪裁，之後又是在平面的紙張打版。接下來，第一件試衣完成時是立體的，經過修改與試穿之後，立體的成品就出現了。

在你的工作過程中，研究有何重要性？

研究很重要，通常包括收集來自各處的抽象與非服裝類的視覺資料，也有些非特定的服裝參考資料。研究的其他部分，則是進行實驗與技術探討。

# HAMISH MORROW

哈密許・莫若（Hamish Morrow）出生於南非，1989 年前往倫敦就讀中央聖馬丁學院，之後則到皇家藝術學院攻讀男裝設計。畢業後，他獲得義大利品牌「畢伯勞斯」（Byblos）聘用，之後也曾任職於路易費侯（Louis Féraud）、芬迪（Fendi）與克里琪亞（Krizia）。2000 年，莫若回到倫敦製作自己的品牌，並在 2001 年 2 月的倫敦時裝週首度亮相。2005 年，莫若推出高檔運動服飾系列，運用奈米科技將運動服與高貴布料聯結在一起。他以獨特的方式，將運動服與訂製服、實用性與高級時裝結合起來，在國際時裝界奠定名聲。

你如何描述自己的設計過程？

我從抽象的概念與幾個剪裁想法出發，再慢慢將想法化為實際衣服。

什麼會激發你的設計概念？

任何事物，一切事物。在激發創意的過程中，沒有什麼特別神聖的。

你的設計流程是否有例行的程序？

順序一定是如此：思考、寫下、做研究、畫速寫、找材料、選顏色、實現成品、舉行服裝秀。

是否有什麼靈感來源，讓你總是一再探究？

有，就是當代藝術的實踐與理論，加上永無止境渴望各種視覺形式，多半是電影與抽象雕塑。

在設計過程中，是否有團隊參與？若有的話，他們負責些什麼？

我通常和我的密友蘇珊（Suzanne）合作，她能幫助我整理並發展出概念。我也和打版師莉莎（Lisa）合作，她會將我的概念轉化為立體的服裝。當然，我還有位於義大利的工廠，幫我把最終的產品製作出來。

你的設計過程是否會運用到攝影、繪畫或閱讀？

我的設計過程總是先從概念開始，再列出一些文字，把思考過程變成白紙黑字。接下來是做研究、立體剪裁、拍下照片，最後則是速寫。

一天中有沒有哪個時段，讓你特別有創意？

沒有，靈感說來就來。

依你的工作方式，有沒有什麼用具是不可或缺的？

我一向會用黑色簽字筆畫出上千張草圖，無論是畫在小筆記本或便宜的影印紙皆可。之後我會用 HB 鉛筆速寫（從不用水彩），最後以工作室中隨手可得的布料做立裁。

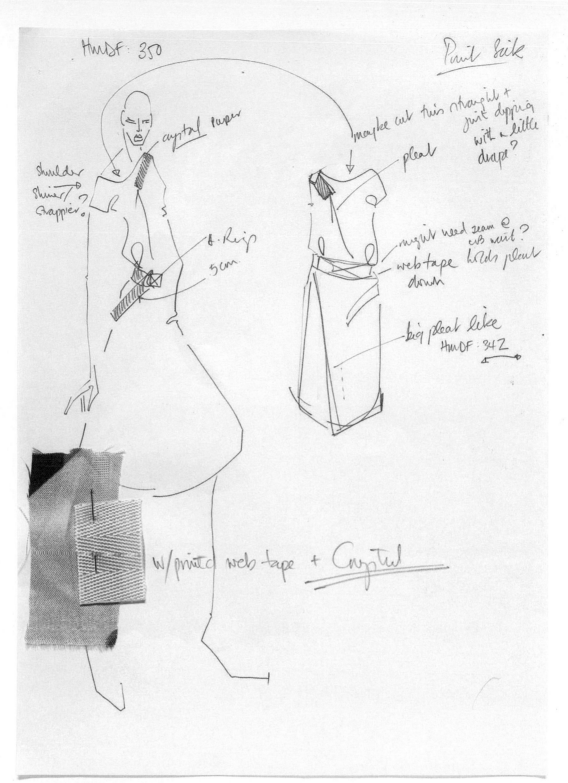

HmDF: 350

Paint Silk

crystal paper

shoulder shine? Strappier?

maybe cut this straight + just dipping with a little drape?

pleat

A. Rip 5cm

might need seam @ cB waist? web tape holds pleat down

big pleat like HmDF: 342

W/ printed web tape + Crystal

莫若最初的草圖，可看出 2004 年春夏系列的布料配置與結構細節。

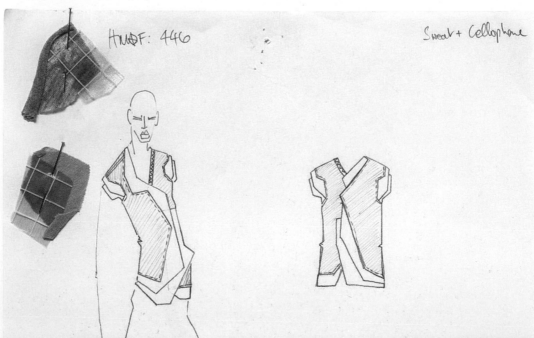

HmDF: 446

Sweat + Cellophane

為 2004 年春夏系列所做的研究，包括五金、科技、印花、顏色、布料與配件。攝影：艾拉·霍斯（Ela Hawes）。

2007 年春夏系列中，比例爲四分之一的立
體剪裁實驗。這是打造輪廓的最初嘗試，如
果最初概念的視覺呈現效果不理想，就會予
以排除。

**是否有什麼靈感來源，讓你總是一再探究？**

我熱愛科幻小說，還有超現實藝術家漢斯・魯道夫・吉格爾（H. R. Giger）、馬修・巴尼（Matthew Barney）、耶羅尼米斯・博斯（Hieronymus Bosch）。

**對你而言，在什麼樣的環境下工作最好？**

若談到設計，我就得獨自待在工作室，將工具樂團（Tool）、九吋釘樂團（NIN）、怪獸磁場合唱團（Monster Magnet）的音樂開得震耳欲聾。還要有香煙。

**你如何描述自己的設計過程？**

設計的時間總是不夠，真希望有更多時間。在工作室時，我的時間都被電郵、製作方面的問題、電話，還有經營事業的一堆雜事耗盡。等到終於能停下來設計時，還得先花一段時間忘掉其他狗屁倒灶的事，才能專注於眼前的鉛筆與乾淨的白紙。我得獨處，把音樂開得很大聲，然後順其自然，讓靈感上門。

# JEAN-PIERRE BRAGANZA

尚皮耶・布雷甘薩（Jean-Pierre Braganza）出生於英國，成長於加拿大，並在當地研習美術，之後返回倫敦，於中央聖馬丁學院攻讀時裝。2002 年畢業後，曾擔任羅蘭・穆雷（Roland Mouret）的助理，隨後在 2004 年倫敦時裝週推出自己的系列。布雷甘薩的陰暗美學，深受硬式搖滾、工業音樂與高科技舞曲（techno）影響。

www.jeanpierrebraganza.com

**你的設計過程是否會運用到攝影、繪畫或閱讀？**

我永遠在畫圖。先畫些人物草圖，然後擦掉、重畫，直到對最後的造型滿意為止。

**你的研究與設計方式如何從平面轉變為立體？**

我的速寫和最終成果很接近了，但最後在人檯上動手嘗試才是設計最主要的部分。這時我可以雕造、擺弄設計的輪廓。

**依你的工作方式，有沒有什麼用具是不可或缺的？**

自動鉛筆與 A4 白紙。

**在你的工作過程中，研究有何重要性？**

研究是日常生活的一部分。我羨慕有時間只專心研究的設計師，我從大學以來就做不到這一點。總之要隨時讓眼睛與心靈保持開放，並盡量接觸文化。

1 布雷甘薩說：「我的設計過程非常孤立而且零碎。」印花在他的設計中佔有重要地位，並影響了服裝的造型。這裡的「梅塔特隆立方體」（Metatrons Cube）是運用紫紅色與黑色的數位印花，隸屬 2009 年春夏系列。

2 布雷甘薩 2009/10 年秋冬系列的「紫鷹」（Purple Eagle）印花設計，清楚看出設計師對色彩與印花的大膽繪圖手法。

3 「掠食者」（Predator）是結合灰色、粉紅與銀色的數位印花設計，應用在 2009 年春夏系列。

這張陰森的插圖屬於 2005 年春夏系列，設計師呈現了強而有力的輪廓。

2004/05 年秋冬系列動感十足的大膽插畫，
傳達出設計師陰暗的時裝設計手法。他知名
的長褲作品剪裁俐落，帶有圖案。

**你如何描述自己的設計過程？**

最重要的就是好奇心。我認為必須要有好奇心，有勇氣堅持自己的信念。創造新鮮感，而且能繼續振奮人心，就是關鍵所在。

**在你的工作過程中，研究有何重要性？**

我會先做研究，從中找出靈感繆思來說故事，進而建立一個角色、造型，最後發展成一整個系列。

**你是否會感受到「靈光乍現」的一刻，知道一項設計可以行得通？**

只要一項設計充滿時尚感、有型、合身又能穿，那麼這項設計就成功了。

# JOHN GALLIANO

2004 年，《時代週刊》曾將約翰‧加里亞諾（John Galliano）譽為「同世代最具影響力的時裝設計師」。加里亞諾出生於直布羅陀，在倫敦長大，進入中央聖馬丁學院攻讀時裝。1984 年的畢業展「難以置信」（Les Incroyables）讓他聲名大噪，這一系列服裝的靈感來自法國大革命，不僅徹底改變了他的生涯，更為他開啟了進入時裝界的大門。

1992 年，加里亞諾遷居巴黎，他風靡花都，也藉由一次又一次令人耳目一新的服裝秀，鞏固時裝設計師的一哥地位。他曾帶領迪奧重振往日名聲，而他極具代表性的同名品牌也以打破陳規馳名。加里亞諾堪稱當代最令人振奮、創新與浪漫的時裝設計師之一。

加里亞諾的想像力、說故事能力與研究之旅都為人津津樂道。他每一季都會在全球尋找設計靈感，遊歷各個文化與大陸，涉獵文學、藝術與其他超乎想像的領域，開發出新想法，讓未來、幻想與浪漫栩栩如生。他的服裝系列靈感取自中國、墨西哥、俄國、日本、印度及自己的祖國，參加他的服裝秀是許多人夢寐以求的事。從巴黎歌劇院到「美好年代」，從寶來塢到拉斯維加斯，從倫敦的珍珠國王與皇后（「珍珠國王與皇后」是倫敦的慈善機構，會員穿著綴滿珍珠的服飾募款）到東方藝妓，加里亞諾總能在所見之物找出美感。

www.johngalliano.com

**是否有什麼靈感來源，讓你總是一再探究？**

這類靈感來源很英式，融合了氣氛、靈感繆思與重要瞬間，是可以轉化的高科技理想，可能是文學、藝術或音樂。無論是街頭文化、制服或薩佛街、男性或女性、已死去的或活力十足的我都愛。我愛好多東西，那些都是我創作的氛圍、色彩與核心。此外，友誼與合夥關係總讓我元氣十足，深獲啟發，使設計更豐富。無論是遇見的人或與我共事的人、研究、創意過程、服裝秀、業主，我都喜歡。

加里亞諾的研究筆記本最為人津津樂道的，在於裡頭彙整了包羅萬象的參考資料。在他的研究之旅中，他會將大量不同的靈感畫下來或拍照。這些筆記本記錄了加里亞諾的創意設計過程，並包含跨越許多文化與時代的歷史研究。加里亞諾將意象、布料研究與色彩故事的構想層層相疊。這些美麗的筆記本能激發設計團隊，當做他們的靈感參考，為加里亞諾的服裝系列創造出故事。

**你的研究與設計方式如何從平面轉變為立體？**

我的設計不斷在平面與立體之間轉換，通常是小改變，有時會完全改頭換面。

**在你的工作過程中，研究有何重要性？**

研究在整個過程佔很大的部分，我所有的靈感皆從研究衍生而來。

**什麼會激發你的設計概念？**

電影、書籍、雜誌、已歸檔的服裝系列與歷史文獻。

**你如何描述自己的設計過程？**

首先，我會看前一季的氛圍，之後則把焦點放在一句引言、一段話語或歷史文字。接著我提出有關服裝輪廓的想法，並利用撕下來的圖片與經典圖像來製作氛圍板，以鼓勵腦力激盪。接下來，我會與藝術總監和造型師托比‧葛林迪奇（Toby Grimditch）密切合作，為當季造型定調。我們設計時會仔細觀看、重複編修並運用插畫，較少使用人檯試作。

# J.W. ANDERSON

強納森‧威廉‧安德森（Jonathan William Anderson）出生於北愛爾蘭，原本在美國華盛頓特區的「演員工作室」（The Actors' Studio）學戲劇，然而在這段求學期間，他發現自己熱愛戲服。回到倫敦之後，安德森到倫敦時裝學院（London College of Fashion）攻讀男裝，於 2007 年畢業。同年九月，安德森的男裝系列在倫敦時裝週首度亮相，將真的昆蟲應用到珠寶上。安德森的服裝拓展了英國男裝的界限，展現充滿挑戰性的敘述方式，成為時裝界的創新先鋒。

www.j-w-anderson.com

**對你而言，在什麼樣的環境下工作最好？**

深夜最好，身邊要有核心團隊陪伴，來點紅酒而且抽許多煙。

**依你的工作方式，有沒有什麼用具是不可或缺的？**

我一定要有溫莎牛頓（Winsor & Newton）牌的美術用具。

**一天中有沒有哪個時段，讓你特別有創意？**

深夜或是清晨。

**你是否會感受到「靈光乍現」的一刻，知道一項設計可以行得通？**

我們常常會經歷「靈光乍現」的瞬間，而且多半在凌晨四點！

**你的設計流程是否有例行的程序？**

我們的設計流程都差不多，因為已經找到能夠良好運作，而且每個人都樂在其中的工作方式，所以就遵循下去。

**你最享受設計的哪一個部分？**

最享受的部分就是和托比針對設計與插畫一塊兒工作，以及三更半夜跟團隊提出新穎的想法。老實說，好像沒有哪個部分我不喜歡。

**是否有什麼靈感來源，讓你總是一再探究？**

我們每一季都會有一張代表當季的「面孔」，可能來自一名模特兒、演員、藝術家或音樂家。

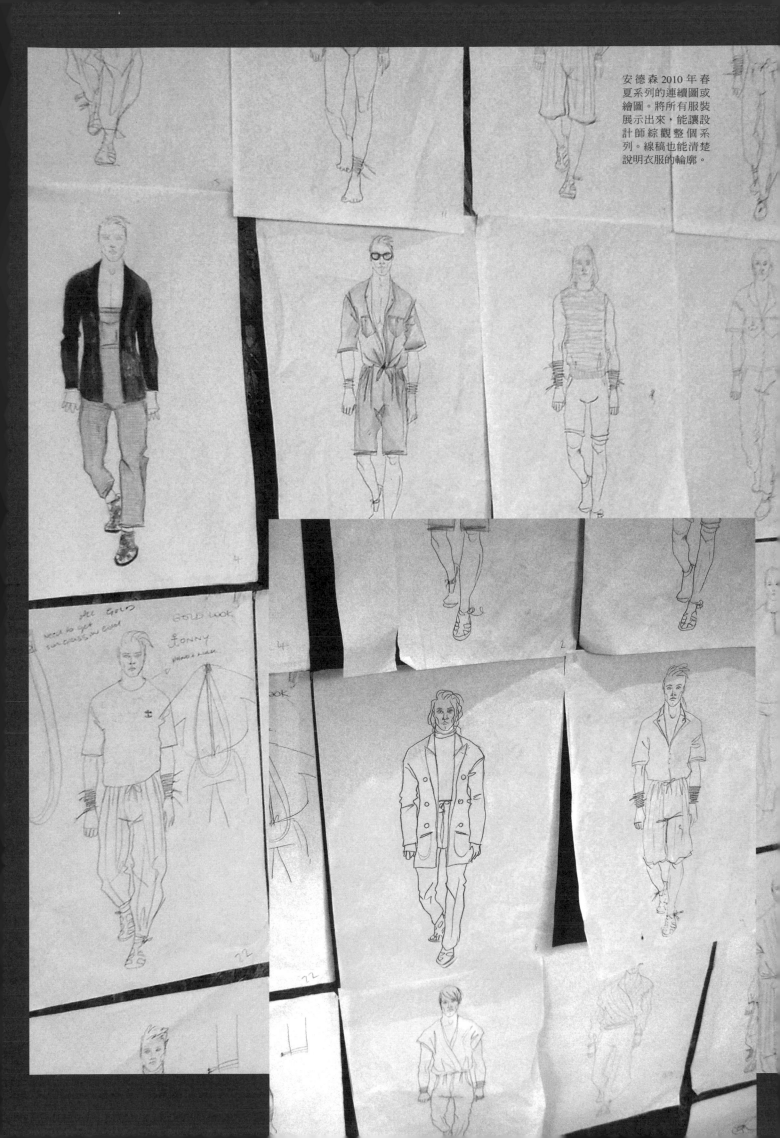

安德森 2010 年春
夏系列的連續圖或
繪圖。將所有服裝
展示出來，能讓設
計師綜觀整個系
列。線稿也能清楚
說明衣服的輪廓。

1 │ 2
　│ 3

1 安德森 2010 年春夏系列的氣
圍板，顯示設計師參考了各
種來源，為這個系列帶來靈
感。舊的時裝照片、繪圖、
技術細節、花卉、甚至女性
的照片都放在一起，為他的
服裝系列營造出清楚的氣氛
與感覺。

2 這些素描、繪圖、筆記與小
塊布樣，記錄了安德森 2009
年春夏系列的設計發展過程。

3 安德森為《丹麥》（Dansk）
雜誌一篇文章創作訂製服裝
所繪製的速寫與設計概念。
這些頁面顯示設計師在思考
模特兒該怎麼穿每一款衣服
才適當。

# KARL LAGERFELD for CHANEL

卡爾・拉格斐（**Karl Lagerfeld**）1933 年出生於德國漢堡，1953 年移居巴黎。二十二歲時，在國際羊毛局（**International Wool Secretariat**）贊助的比賽中，以外套設計榮獲第二名，並獲得品牌皮爾帕門（**Pierre Balmain**）的僱用。之後，他轉戰品牌尚巴杜（**Jean Patou**）任職三年，接著在 1963 年應克羅依（**Chloé**）之邀，開始設計前衛的高級成衣。

1984 年，拉格斐創立自己的品牌，然而他為人所熟知的，是以獨立設計師的身分與眾多時尚品牌合作，其中包括芬迪。不過真正讓他名揚國際的，是 1982 年獲得全球首屈一指的時尚品牌香奈兒（**Chanel**）聘任。1997 年，《**Vogue**》雜誌稱讚他是「當前氛圍最佳詮釋者」。他以靈活的手法，在各品牌發揮專業，轉換之間游刃有餘，這一點非常馳名；他甚至曾為平價成衣品牌 H&M 做設計。

拉格斐是公認的優秀插畫者，時裝繪圖是他設計過程重要的一環，最喜歡運用黑色馬克筆和速寫本。他是透過繽紛的紙上繪圖來構思服裝系列，很少碰觸真正的布料，而豪放不羈的繪圖通常是表現性符號，傳達全系列的氛圍，之後再由設計團隊加以詮釋。

至於研究方面，拉格斐熱愛新奇的事物。他會購買音樂雜誌，聆聽新的音樂，而吸收新資訊並將之轉化到時尚層面的能力更是卓越。拉格斐曾說，所有可供學習、可以閱讀的東西，他都不會放過。拉格斐全心投入於流行與現代的態度，需要一定程度的堅毅，而且不能多愁善感才能做到。他不時讓自己擺脫先前曾帶給他靈感的藝術、物品與地點。拉格斐是當代時尚最了不起的大師之一，而他的個性與創意，將確保他在時裝史上佔有一席之地。

www.chanel.com

$\dfrac{1}{2}$

1 在大衣內側中固定
襯裡。圖片版權©愛莉希
雅．S.（Alexia S.）

2 圖為 2008/09 年香
奈兒高級訂製服
秋冬系列，正在開
發中的第十五款。
這是一件緞子長大
衣，上面有黑色人
字紋粗花呢，並有
黑色貂皮飾邊與搭
配的圍巾。香奈兒
工作室總共投入了
三百小時的工作，
包括在人檯上小心
建構人字紋圖案，
以確保比例正確。

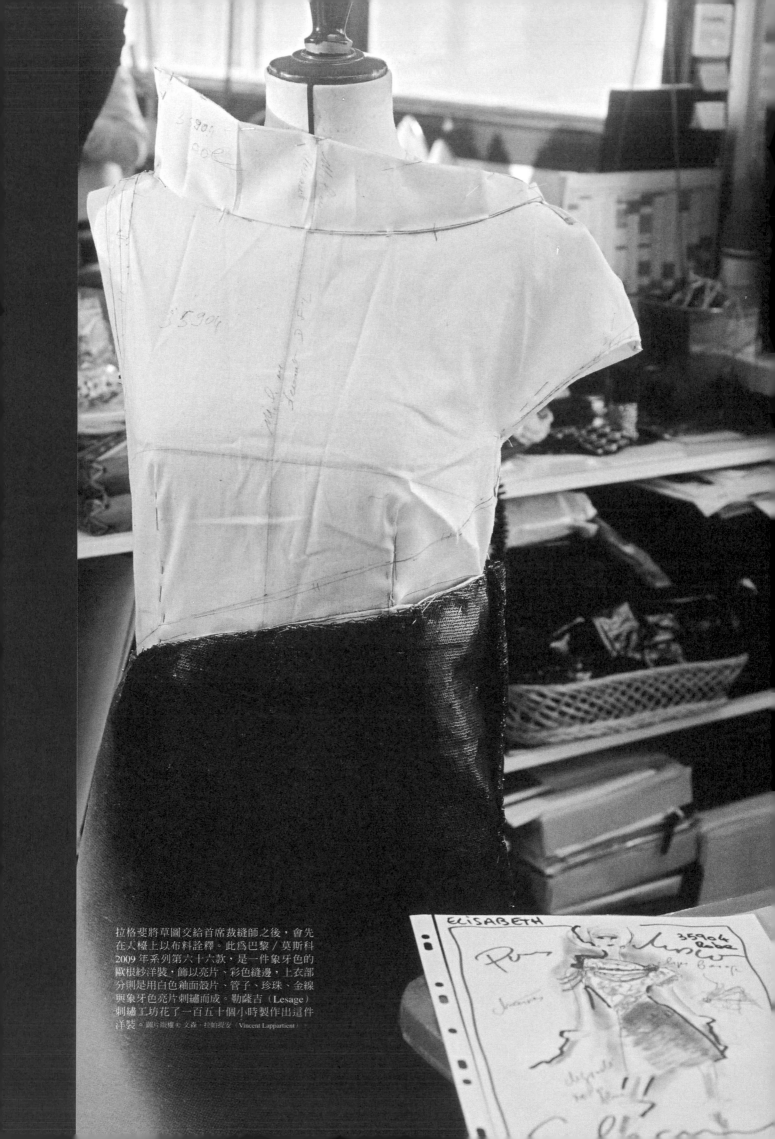

拉格斐將草圖交給首席裁縫師之後，會先在人檯上以布料詮釋。此為巴黎／莫斯科2009年系列第六十六款，是一件象牙色的歐根紗洋裝，飾以亮片、彩色縫邊，上衣部分則是用白色釉面殼片、管子、珍珠、金線與象牙色亮片刺繡而成。勒薩吉（Lesage）刺繡工坊花了一百五十個小時製作出這件洋裝。圖片版權©文森‧拉帕提安（Vincent Lappartient）

1 勒薩吉刺繡工坊
運用呂內維爾
（Luneville）反面
刺繡技法來處理細
部（管子、珍珠、
金線、象牙色亮
片）。呂內維爾是
一種工具名稱，取
代傳統繡花針。這
項技法需運用雙手
在反面完成刺繡，
這時是看不見正面
的設計圖案的。圖片
版權© 文森‧拉帕提安。

2 最後的縫紉工作由
香奈兒工坊手工完
成，之後交給拉格
斐處理試裝。圖片版
權© 史戴芬‧弗蓋（Stephane
Feugere）。

3 香奈兒工坊會小心
遵守拉格斐草圖中
的輪廓與比例。圖片
版權© 史戴芬‧弗蓋。

**對你而言，在什麼樣的環境下工作最好？**

任何環境都好，但我的內心必須平靜。大致而言，我家是最好的工作場所。

**什麼會激發你的設計概念？**

我會思考人，真正存在的人。這樣我才能構思出一個人在現實生活中的服裝，並想像出它該具備何種布料、顏色、造型與功能。

**你的設計過程是否會運用到攝影、繪畫或閱讀？**

攝影是一定會用到的。我收集一九〇〇到一九三〇年代的老照片，也會花點時間畫畫與閱讀。通常在看書的時候，裡頭對一個人的描述可能會讓我想到一種外型，進而構思出明確的服裝。

**你如何描述自己的設計過程？**

一般來說，先從氣氛開始。我會先想出能打動我內心的東西，之後為那種感覺編一則故事，再從中衍生出一整個系列的靈感。一旦掌握了一種氣氛之後，就會開始做布料與印花，接著發展出輪廓，最後將兩者加以結合。我有個姑且稱之為「視覺障礙」（visual dyslexia）的毛病，就是眼前看著某個東西，心中卻感受到其他東西。有趣的是，那種幻覺往往比現實更令人振奮。我會將這些影像應用到正在製作的東西，或收存到視覺儲存庫中。

**一天中有沒有哪個時段，讓你最能發揮創意？**

通常是晚上。

# KINDER AGGUGINI

金德‧亞古吉尼（Kinder Aggugini）1988年畢業於中央聖馬丁學院後，就在倫敦薩佛街工作，接著曾在約翰‧加里亞諾、薇薇安‧魏斯伍德、保羅‧史密斯（Paul Smith）等設計師旗下任職，日後也在品牌凱文克萊（Calvin Klein）、凡賽斯與服裝國度（Costume National）擔任設計師。2009年，亞古吉尼首度推出自己的系列。他能設計出輕鬆的前衛服裝，時髦別緻又帶一點陰暗的味道。他主要的靈感，是將香奈兒女士（Coco Chanel）與龐克搖滾樂手席德‧維瑟斯（Sid Vicious）在想像中加以結合，但概念是以香奈兒為主，她那種細膩感性的風格會多過搖滾，不過兩者相融之後卻能傳達出某種特色。亞古吉尼對布料有深入研究，經常採用不起眼的方式處理細節。他曾在薩佛街受過訓練，一方面懂得傳統的技巧與參考，同時又能融合合乎科學的精準處理方式，稱他為現代手藝人的確實至名歸。

www.aggugini.com

**是否有什麼靈感來源，讓你總是一再探究？**

情感是我設計的創意推動器。我腦中有很龐大的視覺圖書館，可從中找出東西供我發想。一旦我開始往前進，只要看看周圍的人就能找到更多動力。

**依你的工作方式，有沒有什麼用具是不可或缺的？**

我很講究觸感，因此基本上需要可以讓我發展設計的布料。

**在你的工作過程中，研究有何重要性？**

我花很多時間在研究造型與細節。基本上，我喜歡搜尋現有的服裝，但如果找不到我想要的，就會翻翻舊照片、書籍，看看網路上的圖像。

**你最享受設計的哪一個部分？**

從我有記憶以來，就想當個設計師。我熱愛這份工作，覺得每個環節都很享受。然而我也有擔憂的時刻，每回開始設計新系列時，總是很擔心不如上個系列好，而設計成果總要等到服裝秀之前的試裝階段，才看得出到底好不好。最難的部分在於如何讓原型變成完美的樣品。

**你會不會經歷到「靈光乍現」的一刻，知道作品能夠發展下去？**

有時候會。那就是我看見了原本不知道該如何做結構的衣服，結果它看起來就和我心中想的一樣。突然間好像有人開了燈，一項設計變得非常清楚，讓我知道該怎麼做出來。

1 亞古吉尼的速寫本看得出研究與設計發展的概念。最上面的速寫本中寫著巴黎第一視覺布料展（Première Vision）的約會清單，還詳細記載他認為哪些布料適合用在 2009 年春夏系列。

2 2009/10 年秋冬系列針對紅色喀什米爾高地人外套的研究，及同一季的燒花（devoré）絨洋裝繪圖。

3 左邊是 2009 年春夏系列中，一件摺袖洋裝的印花配置，右頁是與這套洋裝搭配的軍裝外套概念。

4 左邊是關於一件外套的布料、細部與加工處理詳情。右頁則是這件軍裝外套的原始參考來源，並出示縫紉細節。

5 說明一件外套之結構、剪裁與細部的繪圖，屬於 2009/10 年秋冬系列。

6 左頁是研究 2009/10 年秋冬系列一件飾有雪紡繞領繫帶及蝴蝶結的上衣或洋裝。右頁則是畫出 2009/10 年秋冬系列一件洋裝的布料配置。

7 2007/08 年秋冬男裝系列的最初概念。

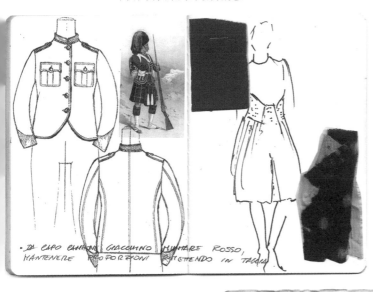

**對你而言，在什麼樣的環境下工作最好？**

很奇怪，每回我搭火車望向窗外的時候，腦筋就會動得飛快。此外，我也喜歡週末待在四下無人的辦公室。

**是否有什麼靈感來源，讓你總是一再探究？**

有，就是人。人一向是我最重要的靈感來源。我可以坐著好幾個小時，觀看人們如何行動，如何穿著他們的衣服生活，衣服如何在他們身邊擺動。我會研究身體與衣服之間、遮蔽與未遮蔽之間的關係，以及穿著衣服所展現的姿態。

**依你的工作方式，有沒有什麼用具是不可或缺的？**

只要有根蠟筆就夠了。

# LUTZ

魯茲‧胡勒（Lutz Hüller）為德國人，在倫敦中央聖馬丁學院修習時裝設計之後，曾在比利時設計師馬丁‧馬吉拉（Martin Margiela）旗下工作三年。1999 年，他開始發揮創意，探討自己的服裝愛好。2000 年二月，胡勒在巴黎推出首波服裝系列，並建立「去脈絡化」（decontextualization）的時裝哲學，亦即不考慮背景，直接混搭各種風格與類型，將各種元素剪貼並用。

**www.lutzparis.com**

**你最享受設計的哪一個部分？**

最享受的部分向來是一開始的階段，這時一切似乎都有可能。每個新系列都像新的開始。

**你如何描述自己的設計過程？**

我不斷記筆記或草草寫下想法、細節，或只是吸引我目光的東西，不去決定是否值得保存或使用。每回我展開新的系列，就會去翻閱這些「視覺日記」，再決定怎麼做。或許可說，我的設計流程就像連續劇，每隔六個月就會出現吊人胃口的情節。

**一天中有沒有哪個時段，讓你特別有創意？**

有，就是剛補充滿咖啡因、活力十足的早上，或四下已經放緩步調的夜晚。

**你會不會經歷「靈光乍現」的一刻，知道作品能發展下去？**

會，這是最美好的一刻，也是苦盡甘來的時候。只不過我覺得靈光乍現的一刻，並不表示工作室其他人也會同意。

**在你的工作過程中，研究有何重要性？**

一旦我決定了一項主題或想法，研究的焦點就會很清楚，可能會反覆看一部電影或研究某個人，或者拍攝移動中的布料，或只是瘋狂地沉迷於某張唱片。

**在設計過程中是否有團隊參與？有的話，他們會做些什麼？**

尋求女性的意見很重要，也要不時有人能以新的眼光看待事物，讓事物能獲得完整、仔細的考量。

魯茲 2003/04 年秋冬
系列的照片。這些照
片是實驗，用來決定
如何爲服裝秀的衣著
風格定調。

1 2009/10 年秋冬系列設計圖與概念，附有布料指示。
2 2003/04 年秋冬系列的繪圖與布料指示。

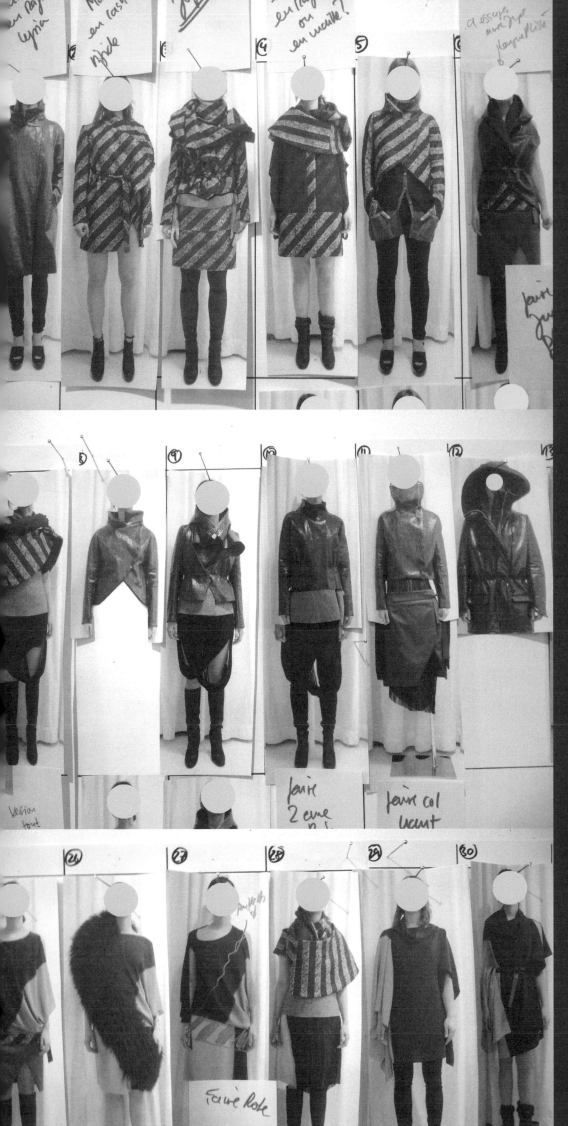

所有照片皆由 Polux SARL
Lutz 公司提供。

**什麼會激發你的設計概念？**

書本會讓我做白日夢。我喜歡歷史小說，能讓我暫時跳脫現實，自由發揮想像力。藝術圖書的照片與強烈圖像也深深啟發了我。我經常影印這類圖片，貼到剪貼簿，因此這些圖像會在整個系列伴隨著我。至於時裝雜誌，對我來說可發揮兩種用途。有時候，時裝雜誌是一種遏阻，若是在上頭一再看到某個特殊的物件或細部幾次，我就會覺得苦惱，不得不改採用其他做法。另一方面，媒體報導也能支持我的想法，並開啟新視野。此外，豐富的歷史能帶給我靈感，因此逛逛古董店和跳蚤市場會很有收穫，無論是拿破崙三世黑檀木櫃子的珍珠母貝鑲嵌，或者一九五〇年代瓦洛里斯（Vallauris）陶器的細緻色彩組合，我都會拍下來，訂在剪貼簿上。歷經這些過程之後，我會在紙上畫出細節，並寫下想法。我也會在筆記本的布樣旁邊快速寫點筆記。

**是否有什麼靈感來源，讓你總是一再探究？**

我們服裝系列的口號是「非典型優雅」，這也繡在「布料商」的商標上。我總是一再探究如何展現男性的優雅。這個服裝系列能符合現代男性的理想衣著，而二十世紀的裁縫技術，是我每一季都會反覆探訪的靈感來源。

# MARCHAND DRAPIER

設計師貝諾瓦・卡本提耶（**Benoît Carpentier**）來自五代相傳的裁縫世家，他成立的品牌名為「布料商」（**Marchand Drapier**），期望以當代特色，振興二十世紀的裁縫精神。卡本提耶以絕美的布料與一流的剪裁製作男裝，但設計總是蘊含一股細膩的幽默，更顯得獨特而討喜。

www.marchand-drapier.com

**你如何描述自己的設計過程？**

首先是一股揮之不去的強烈渴望，熱愛一個時期或地方。之後我會在筆記本上寫滿文字、想法與句子。這些想法會形成一個故事，而故事又能帶出新的概念。

**一天中有沒有哪個時段，讓你特別有創意？**

我整天都創意滿滿。想法會來來去去，因此手邊更少不了設計筆記本，這樣才能隨時寫下想法。

**依你的工作方式，有沒有什麼用具是不可或缺的？**

我隨身攜帶皮革裝訂的愛馬仕（Hermès）繪圖本。當初我和太太愛蜜莉（Emilie）決定創立品牌「布料商」，踏上冒險之旅時，她送給我第一本這種筆記本，而少了這本筆記本，我就無法設計。想當初，我老是盯著筆記本的空白頁面發呆，經過六個月才開始動筆。那是有一回班機延誤，我被困在布魯塞爾機場幾個小時，總算開始寫東西。一下筆，我就把布料商的整個故事寫完，從這個名字的意義，到日後精品店的理念都寫下來。我在筆記本上為品牌勾勒出草圖，而現在這本筆記本就像是我的「聖經」，在每一季系列開始著手之前與製作期間，我總會拿出來參考。

**在你的工作過程中，研究有何重要性？**

研究時必須將一個時期與地方的細節完全摸透，才能使故事更豐富。這些發現能帶出新研究，以及多種可能的途徑（但不能迷失方向）。我試著應用這些發現，為男裝改頭換面。首先，我會尋找材料。布料是我創作過程的基礎。多虧了我的家學淵源與擔任過十五年織品代理商的經歷，我長期接觸布料。創作過程會在巴黎第一視覺布料展開始，我在那裡找到的材料與配件能帶來指引，並支持我最初的概念，有助於打造出一個系列。

**對你而言，在什麼樣的環境下工作最好？**

我像個遊牧民族，經常旅行；機場裡來來去去的各種旅人能給我很大的啟發。我也喜歡夜闌人靜時分在家裡的辦公室工作，這樣能讓我和家人保持親近。

為 2007/08 年秋冬系列所集結的研究，包括
布料、配件、初始設計圖與速寫。

富有靈感與氛圍的照片，有助於創造出每一系列的調性與感覺。這些圖片是在巴黎拉斐爾飯店（Hotel Raffael）拍攝的，傳達出一種特色、魅力與歷史，完全與品牌合而為一。攝影·朱利安·馬格（Julien Magre）。

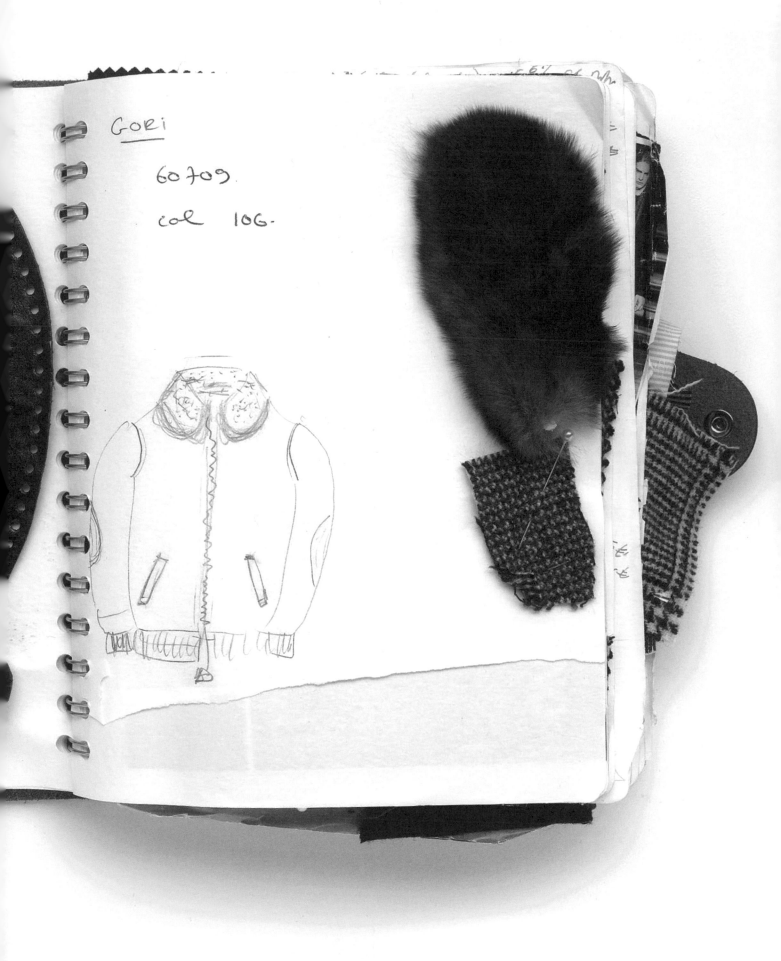

GORi

60709.

col 106.

研究速寫本中附有小塊布樣，並說明該如何
應用在服裝上。

# MARGARET HOWELL

瑪格麗特・赫威爾（**Margaret Howell**）在倫敦大學金匠學院（**Goldsmiths**）研讀美術，**1969**年畢業。赫威爾的設計手法講究製作精良與卓越品質，從 **1970** 年起，她就開始設計質料好、做工精巧的服裝。**1977** 年，她第一間男裝門市於倫敦南莫頓街（**South Molton Street**）開幕，目前在英國有三家分店，在日本則多達五十六家。

　　「物品的製作方式常常啟發我。我發現男裝在結構、感覺與功能性方面，比女裝更有趣。」赫威爾解釋道。她認為自己的顧客會重視她服裝的布料、結構、合身與舒適。赫威爾的設計手法很理智：「好設計必須有用；服裝要發揮功能，就像一張椅子必須坐起來舒適。」每一季成功的款式會進一步稍微變化，延伸到新的系列中。她表示：「我喜歡先嘗試並盡量找出最好的設計，如果一款設計不錯，我們或許就能嘗試運用不同的布料，或稍微改變細節。」

　　赫威爾的客戶通常會回購，選擇和之前幾季一樣的服裝，維持低調的審美觀。「他們沒興趣在上衣或皮帶上露出商標。」她說：「他們認同我們的品牌，認為品質和耐穿才重要。」赫威爾的服裝確保英國製造、傳統生產技術與優質布料，簡潔而低調。由於個人深愛建築與產品設計，她也積極擁護英國現代主義設計。

www.margarethowell.co.uk

**妳的設計過程是否會運用到攝影、繪畫或閱讀？**

我向來會把關於服裝的想法畫下來，重點在於創造一種氛圍或感覺，而不是明確的技術繪圖。我畫的圖很自由，講究的是一種風格，而不是精確呈現一件衣服。

**在妳的工作過程中，研究有何重要性？**

對我來說，研究是持續進行的。我總會去看看展覽、書籍雜誌、舊式的用品店、五金行、工作服與制服。

**妳如何描述自己的設計過程？**

這個過程不一定相同。有時候靈感突然冒出來，概念就出現了。有時候一張圖像或照片很有啟發性，而有時某個路人也能影響我的作品。此外，布料對我來說是非常重要的一環，因此整個過程常是從對布料的回應及用途展開。有時候我會從製造過程著手，這會左右整個設計。

一九七〇年代初期，赫威爾運用鋼筆和墨水畫出她最早的襯衫設計原圖。上圖為有對比領座（collar band）的無領襯衫，左下圖是一件單鑲邊唇袋襯衫，右下圖的襯衫則有不對稱的口袋。

M/024
contrast

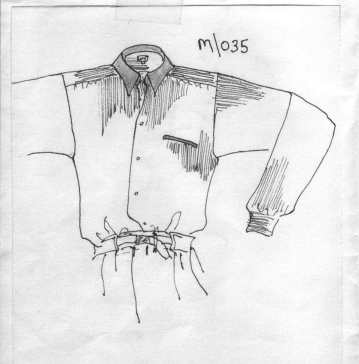

m/035

m/052

1 | 2

1 赫威爾的設計助理為 2000 年春夏女裝系
　列畫的鉛筆線稿。

2 1994 年左右的羊毛裁縫與花呢布料選
　樣。布料選擇是赫威爾服裝系列的特色，
　因為該品牌的美學核心就是優質材料。

|   | 2 |
|---|---|
| 3 | 4 |

1 1990/91 年秋冬女裝系列「學校大衣」的鉛筆概念草圖。赫威爾的繪圖不僅傳達服裝的設計，還表現出該系列的氛圍與精神。

2 1998 年春夏系列一件單釦襯衫的鉛筆草圖。這是一件白色棉質襯衫，有一個大大的珍珠母貝釦子。

3 一件軍裝長褲的鉛筆概念圖，屬於 1995/96 年秋冬男裝系列。

4 大約 1999 年以鉛筆畫的一件襯衫草圖，但原始設計其實在 1970 年便已提出。

full swagger
raincoat.
3/4 length.
fly front?
good warm belted

Margaret Howell '89

1989 年，赫威爾以鉛筆繪製一件
「優雅亮眼」風衣的氛圍草圖。

1 有藍色鑲邊的
  天然生絲睡褲，
  屬於 2000 年春
  夏女裝系列。

2 2009 年倫敦時
  裝週前，以拍立
  得拍下 2009/10
  年秋冬系列的
  模特兒選角照。

**依你的工作方式，有沒有什麼用具是不可或缺的？**

主要是彈性紗線。

**在你的工作過程中，研究有何重要性？**

我得創造出一則故事。我會製作像電影一樣的分鏡圖來說明這個故事，並以故事的豐沛情感為服裝帶來靈感。不同的角色有不同的外型，如此可為每個人賦予具充滿個性的姿態。

**你最享受設計的哪一個部分？**

我喜歡看到女人因為穿上一件衣服而開心。雖然設計過程永遠有許多困難的事情令人厭煩，但好的部分總比壞的多。

# MARK FAST

馬克・費斯特（**Mark Fast**）是來自加拿大的針織服設計師，在倫敦中央聖馬丁學院取得學士與碩士學位，於 **2008** 年畢業。他以手工或家用編織機來製作針織品，融合萊卡與紗線，為身體打造出量感與雕塑性造型。

**www.markfast.net**

**一天中有沒有哪個時段，讓你最能發揮創意？**

凌晨兩點。這時沒有什麼能讓我分心，只有一片靜謐。

**對你而言，在什麼樣的環境下工作最好？**

我最喜歡的地方是我的工作室，氣氛很棒。這一帶很髒，但在畫滿塗鴉的倉庫旁有一條漂亮的運河，沿著河岸散步很不錯。

**什麼能激發你的設計概念？**

我會研讀裡頭有奇特、強烈畫面的精彩書籍。

**是否有什麼靈感來源，讓你總是一再探究？**

總之要回歸到女性身體。

**你的設計過程是否會運用到攝影、繪畫或閱讀？**

我經常速寫，但多半還是用編織機。

**你如何描述自己的設計過程？**

這個過程是有機發展的，非常抽象表現主義。

**你會不會經歷「靈光乍現」的一刻，知道作品能夠發展下去？**

會，我喜歡這樣的時刻。

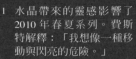

1 水晶帶來的靈感影響了 2010 年春夏系列。費斯特解釋：「我想像一種移動與閃亮的危險。」

2 「這是 2010 年春夏系列的研究起點，我主要是想像出一則女王被趕下王位並逃入夜色中的故事。」

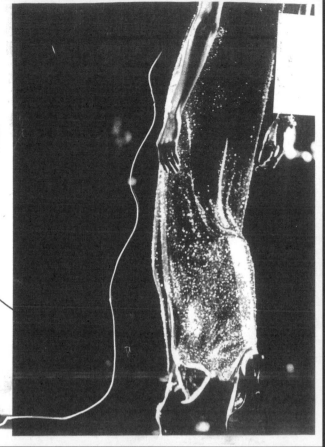

*she has found the escape*

*her kingdom is not hers anymore*

費斯特 2010 年春夏系列的色彩是受到埃及啟發。

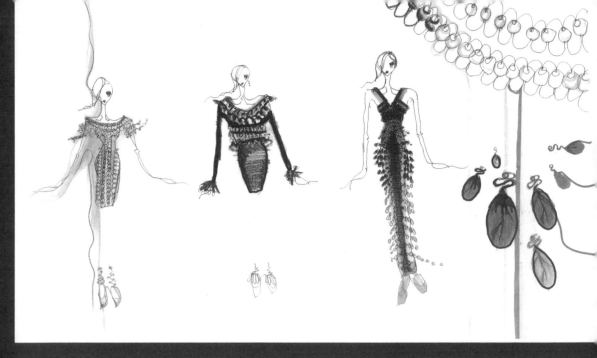

1
—
2
—
3

1 初期繪圖顯示出施華洛世奇的珍珠，如何與 2010 年春夏系列的針織服結合。

2 「這裡的拼貼，是女王逃亡時隨身帶走的物品。這是她所珍視的物件，也是 2010 年春夏系列服裝秀所使用的質感參考來源。」

3 2010 年春夏系列的一幅插畫。費斯特解釋：「我想將水晶應用到針織服上，創造出閃亮、神祕的埃及氛圍。」

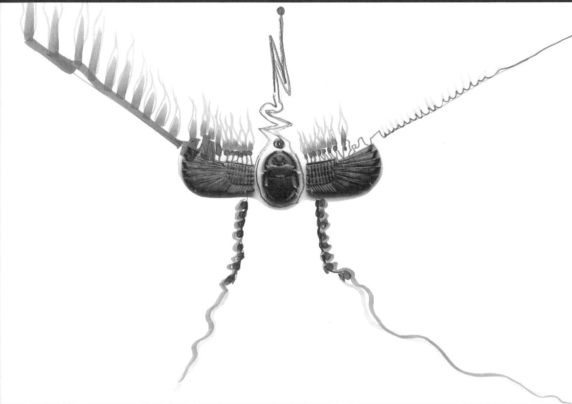

CRYSTAL
PEARL
BRACELET

AND

SWOOPING
CRYSTAL
PEARL
HARNESS

CRYSTAL
PEARLS
LINKED

### 是否有什麼靈感來源，讓是你總是一再探究？

我一向熱愛旅行，也喜歡在新一季展開之前先休息充電。這不表示我得待在安靜的地方；相反地，我認為駐足氣氛活潑熱鬧的地區會讓人活力充沛。我大部分的時間都在逛當地市場，為新系列做研究。我曾在這種地方買了一個小首飾盒，裡頭精巧的珍珠母貝鑲嵌引發了一種印花的靈感。我很愛拍照，當我回頭看過去拍攝的照片，常常會發現一些有趣的小細節，並演變成新系列的重要主題。我的目的地通常是炎熱、富異國風情、色彩繽紛的地方，也長期受到各種活潑色彩搭配的啟發。我的招牌風格就是這樣來的。

### 你是否會感受到「靈光乍現」的一刻，知道一項設計可以行得通？

每當純棉白坯布做成的試衣剪裁正確，數位印花從螢幕上轉換到飄動的布料，珠飾配置定案，還有幾個月來的概念與主題突然開花結果，這樣的時刻絕對讓人興奮不已，雖然也有點令人擔憂。這些不同的層面必須到很後期的階段才會彙整在一起，有時甚至離服裝秀只剩幾天。在這一刻，最重要的就是編修，必須設法濃縮所有的想法，確保故事夠清楚，所有的元素能彼此互補。

### 依你的工作方式，有沒有什麼用具是不可或缺的？

速寫的時候，我喜歡用細芯鉛筆，才能畫得更清楚。不過出門在外時，我也樂於用簡單的原子筆，在斯麥森（Smythson）筆記本上速寫。

# MATTHEW WILLIAMSON

馬修‧威廉森（Matthew Williamson）1994年畢業於中央聖馬丁學院，獲得時裝設計與印花織品的學士學位。1997年，他創立自己的品牌，推出色彩鮮艷、細部精巧的洋裝系列「電力天使」（Electric Angels），為他的美學手法定調，並廣受好評。2002年，威廉森首度參加紐約時裝週，2005年接下義大利時裝品牌璞琪（Emilio Pucci）的創意總監一職，同時仍主導自己公司的設計。威廉森最為人熟知的一點，在於能為時裝增添色彩感，並持續探索色彩，做為每系列背後的動力。

www.matthewwilliamson.com

### 你最享受設計的哪一個部分？

「並置」這個元素，向來是我們品牌DNA重要的一環，例如天然與人工、復古與現代並列。在這個過程中，我最享受的時刻是花時間找到新奇的方式，讓這些衝突呈現出最好的效果。這是實驗階段，我們會討論色彩、布料、副料、裝飾、輪廓與生產技術等各種不同要素的搭配組合。

### 你的設計流程是否有例行的程序？

設計過程一定是從參訪國際布料展及幫我們製衣的紡織廠開始，看看有哪些新發展或技術可以運用。之後，我們會收集任何重要的靈感，彙整到氛圍板上，以視覺呈現服裝系列的輪廓、色彩搭配或調性。接下來的發展可能就不一樣了。有時候所選定的布料會決定某種輪廓，因此我就會開始畫造型，探索比例，之後再發展印花與珠飾來補強。同樣地，有時一個系列的主要焦點可能在於珠飾，它能傳達出中心主題，因此如何配置與尋找材料就會變成首要之務，並且影響剪裁的發展。整體流程講究自然發展，沒有固定方式，可說是一種逐步演進的過程。

### 你的設計過程是否會運用到攝影、繪畫或閱讀？

通常我在旅行時所做的研究，會讓我們吸收到一個地區的當地文化元素。我們會研究他們使用了什麼技巧以達成某種效果，以及該如何將此轉化到現代的服裝系列。比方說，亞洲與非洲的傳統紮染流程，將天然染料用在棉布上，但是我們改以鮮艷的螢光色去染昂貴的絲綢。另外，我們也會將原住民的工藝或做法應用到珠飾或裝飾，並確保充分研究，能忠於參考來源。

### 你如何描述自己的設計過程？

我個人的做法很像鍊金術，從最初階段到最後的系列呈現隨時在改變。我先從一個小靈感開始，而這個小小想法可能繼續發展，變成服裝秀整體的主題。其中一個好例子就是我幾年前發現的古董毯織包，啟發了2007年冬季系列的主題，我把它的花卉主題，重新詮釋為印花圖案。

威廉森渡假時看見的一個女孩，啟發了他 2009 年春夏系列。這幅設計圖展現色塊拼接剪裁與一件安布瓦斯（Amboise）印花洋裝。

你的靈感來源為何？

沒有什麼特別的來源。我只是運用日常生活中的記憶
與錯覺，創造出新的想法與表達形式。

一天中有沒有哪個時段，讓你最能發揮創意？

沒有特定時間。

你的設計過程是否會運用到攝影、繪畫或閱讀？

我很怕運用圖片，因為會對我造成太大的影響。當然，
繪畫對於傳達我內心的意象與想法很重要。但是內心
的意象形諸紙上後，我就沒什麼感覺了。從書中的一
個句子發展想法對我才最要緊，就和酒一樣。我希望
能夠感受句子的美好，並沉醉在其中。

# MIHARA YASUHIRO

三原康裕（**Mihara Yasuhiro**）出生於日本，1997 年畢業於東京多摩美術大學織品設計系。他曾
自學傳統製鞋法，1996 年在學期間，便推出了自己的鞋子品牌「Archi Doom」，1997 年發展為
品牌「三原康裕」。2000 年，他開始與彪馬（PUMA）合作，推出三原康裕系列。他的設計哲學
是以巧妙、兼容並蓄的美麗服裝，打破傳統界線。他秉持這套哲學，在 2004 年首度推出自己的
男裝系列。

www.sosu.co.jp

對你而言，在什麼樣的環境下工作最好？

辦公室的桌子前（一張大型黑色鋼桌！）。

你如何描述自己的設計過程？

我向來先透過速寫與寫下一個句子來發想，並盡量讓
設計接近原來的概念。

在你的工作過程中，研究有何重要性？

我喜歡研究古董文物與古董衫。我最喜歡看古老的東
西，古董衫讓我獲益良多，因為這些衣服能告訴我它
們來自什麼樣的歷史與文化。

你的設計流程是否有例行的程序？

我的設計過程並非一成不變，得看情形而定。我相信
呈現方式必須要純粹。

在設計過程中，是否有團隊參與？如果有的話，他們負責
些什麼？

我的助理都非常優秀，能了解我的概念與設計。他們
花很多時間開發材料、特殊製作技術與特定圖案。

什麼會激發你的設計概念？

戀物、幽默與一點點反叛的想法。

你的研究與設計方式如何從平面轉變為立體？

我對四度空間很有興趣。什麼是第四度空間呢？我的目
的就是去研究、設計，創造出視覺與感受之間的落差。

依你的工作方式，有沒有什麼用具是不可或缺的？

各種便利貼與尖銳的鉛筆。

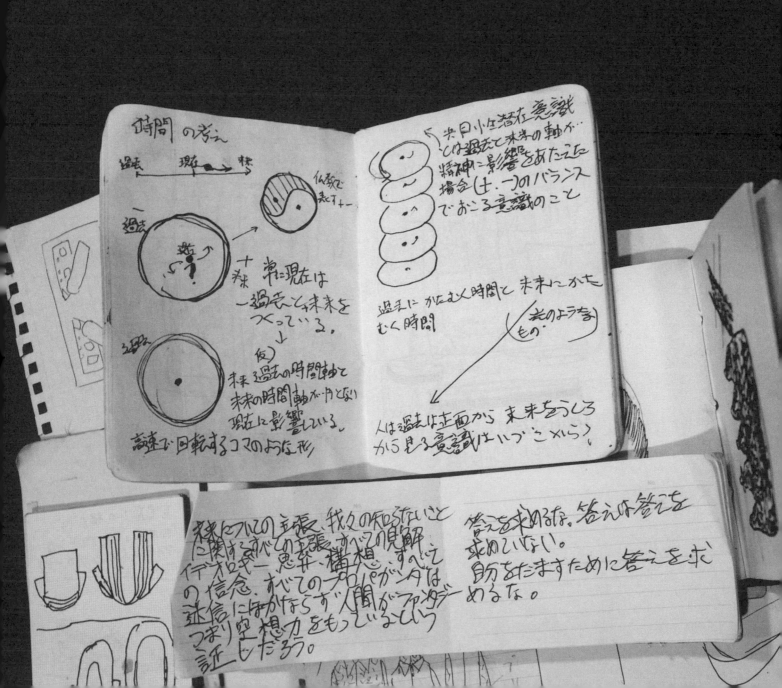

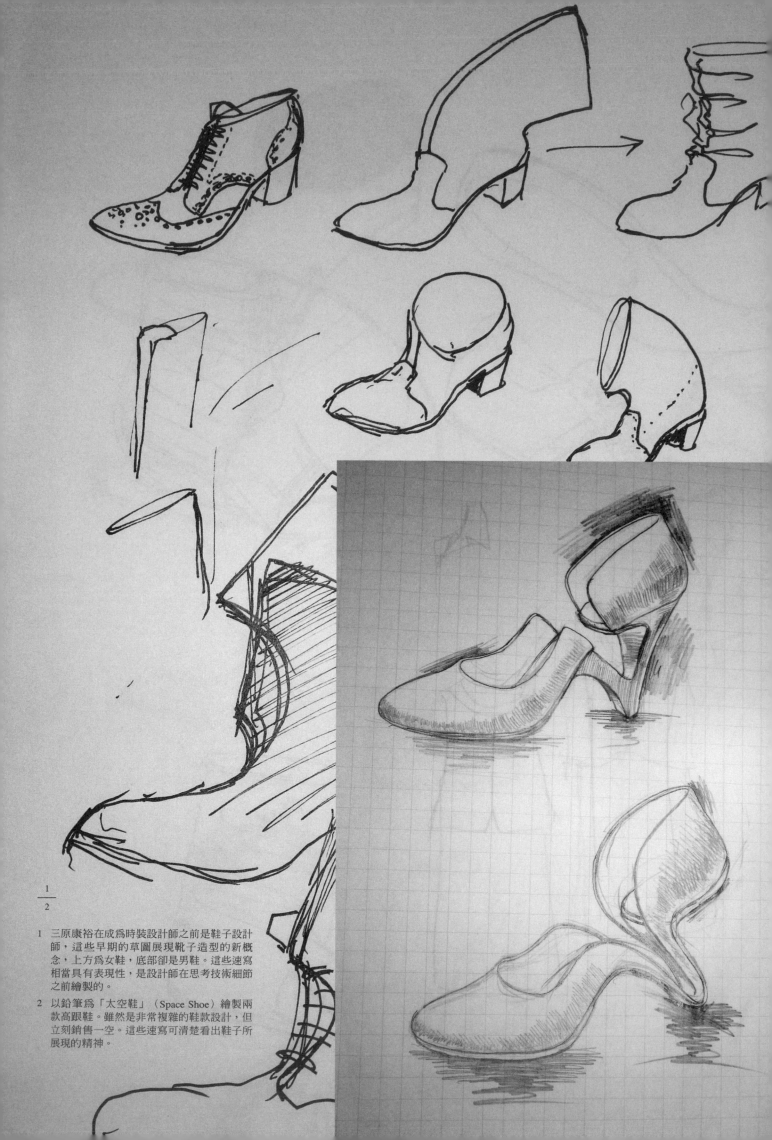

1 三原康裕在成為時裝設計師之前是鞋子設計師，這些早期的草圖展現靴子造型的新概念，上方為女鞋，底部卻是男鞋。這些速寫相當具有表現性，是設計師在思考技術細節之前繪製的。

2 以鉛筆為「太空鞋」（Space Shoe）繪製兩款高跟鞋。雖然是非常複雜的鞋款設計，但立刻銷售一空。這些速寫可清楚看出鞋子所展現的精神。

$\frac{1}{2}$

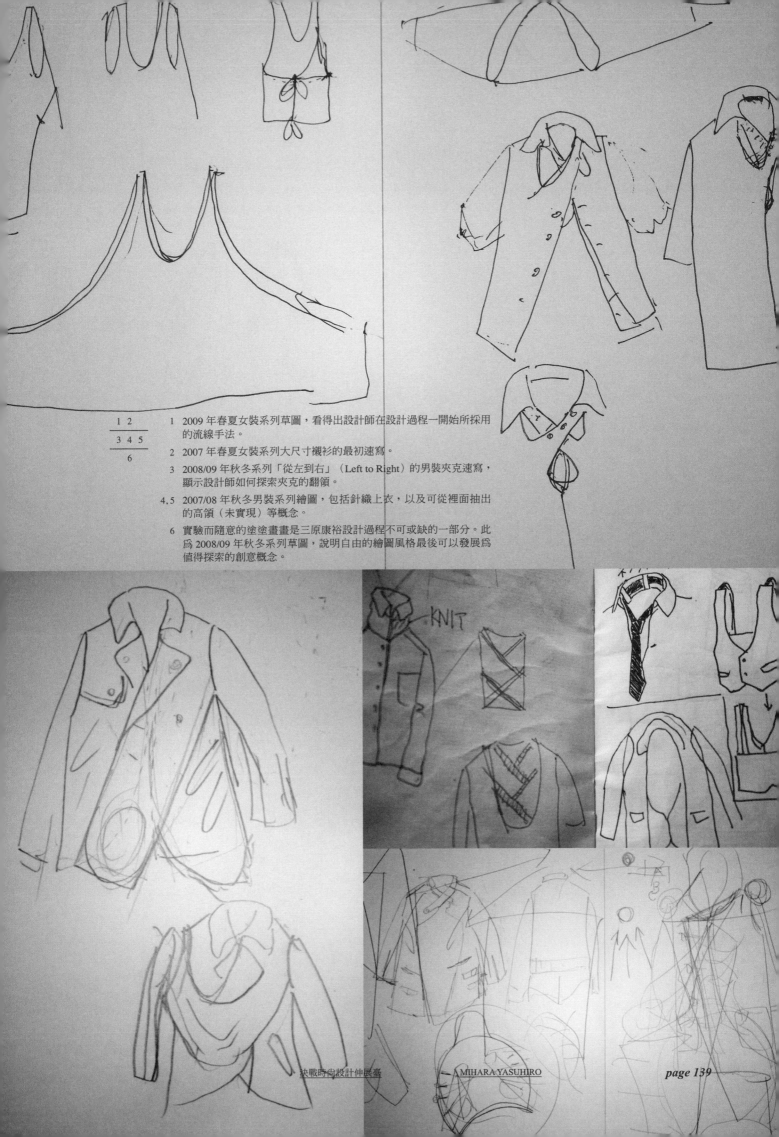

1　2009 年春夏女裝系列草圖，看得出設計師在設計過程一開始所採用的流線手法。

2　2007 年春夏女裝系列大尺寸襯衫的最初速寫。

3　2008/09 年秋冬系列「從左到右」（Left to Right）的男裝夾克速寫，顯示設計師如何探索夾克的翻領。

4, 5　2007/08 年秋冬男裝系列繪圖，包括針織上衣，以及可從裡面抽出的高領（未實現）等概念。

6　實驗而隨意的塗塗畫畫是三原康裕設計過程不可或缺的一部分。此為 2008/09 年秋冬系列草圖，說明自由的繪圖風格最後可以發展為值得探索的創意概念。

| 1 | 2 |
|---|---|
| 3 | 4 | 5 |
| 6 | | |

你是否會感受到「靈光乍現」的一刻，知道一項設計可以行得通？

這一刻通常發生在深夜看到所有服裝搭配起來的試穿階段。之後我會拍照，一邊端詳服裝，一邊聆聽想用來搭配走秀的音樂，爲服裝秀的風格定調。「靈光乍現」的一刻是無法預先規劃的。就算服裝秀再過幾天就要登場，髮型與化妝也已決定好，但有時主題可能在最後一刻還會變動。這時我們會竭盡全力，在服裝秀登場前準備好一切。

對你而言，在什麼樣的環境下工作最好？

說也奇怪，我在飛機上的工作效率最好。這時我是獨自一人，不會有幾百個人圍著我團團轉，也不能打開黑莓機。

一天中有沒有哪個時段，讓你最能發揮創意？

我是夜貓子，但所有的創意人都是這樣吧？

你的設計過程是否會運用到攝影、繪畫或閱讀？

我不斷回顧過往，從閱讀過的文學作品與特殊的歷史人物中尋找靈感。2008/09 年秋冬系列的服裝秀，靈感便是來自都鐸王朝的貴族女性與亨利八世。這促使我運用金色與寶藍色之類的色彩，及以珠寶裝飾的威尼斯面具。而 2009 年春夏系列的靈感則來自糖果與《愛麗絲漫遊奇境》，因此運用了奇特的摺紙與水晶來裝飾服裝。

你的研究與設計方式如何從平面轉變為立體？

首先要先畫速寫。我經常在出差到世界各地的途中，將速寫傳真給設計團隊，由他們製作出第一件原型。這些原型衣服是用替代性的布料製作，也將是我首度看見想法落實爲衣服。我也喜歡在模特兒身上做立體剪裁，通常我腦海中會有個概念，或點子會自動出現，而我彷彿就能看到在人體上剪裁出來的衣服。

# NATHAN JENDEN

英國設計師納桑・詹登（Nathan Jenden）曾就讀中央聖馬丁學院，隨後進入皇家藝術學院深造。他曾爲約翰・加里亞諾、高田賢三與戴瑞爾・K（Daryl K）工作，於 2001 年擔任黛安・馮福斯坦柏格（Diane von Furstenberg）的創意總監。在業界經過絕佳歷練之後，他於 2006 年推出自己的品牌，建立個人的設計特色。他深知衣服必須耐穿，而且還融入能令設計更爲搶眼的創意新潮流行。

www.nathanjenden.com

你的靈感來源為何？

過去我會引用古代歷史學家普羅科匹厄斯（Procopius）的《祕史》（Secret History），這是拜占庭皇后狄奧多拉（Empress Theodora）的故事，訴說這個女性角色如何誘惑男人。我的系列有很大一部分是爲了打扮這名女性。然而，我發現我認識的女人也是很強烈的靈感來源，例如我的母親黛安與女兒莉莉，我會爲她們而設計。

在設計過程中，是否有團隊參與？有的話，他們負責些什麼？

我的團隊必須精準詮釋我的速寫，並與打樣師、打版師密切合作，傳達出我的概念。擁有了解你心思的團隊很重要，這樣才能實現你的理想。當我回到紐約，就能看到試穿的原型服裝，而我也能進一步決定這一季的方向。

你如何描述自己的設計過程？

我腦中常常有數不清的想法，但要理出頭緒卻需要很大的專注力。我會把想法列出來，也會在黑莓機裡草草寫下許多旅途見聞。我會把這些想法寄給設計團隊，並開會討論下一季該如何進行。

你的設計流程是否有例行的程序？

通常每一季結束之後我會精疲力竭，但是在做完一場服裝秀之後，我會直接飛往巴黎，參加第一視覺布料展，從布料開始著手。我對氛圍也很有概念。我可能在飛機上看到一部好電影，或是在某個城市看一場新展覽時，靈感就冒出來，於是我會寫電子郵件或打電話給紐約的設計團隊。我們會大量研究歷史或當代圖像，仔細探索氛圍。接下來，我們會彙整出要使用的各種色彩搭配，這樣才能訂購布料，再打出當季的色樣。之後，我們做出樣衣，一切就從這裡開始實現：抽象的概念變得具體，成爲這一季的正式規劃。

依你的工作方式，有沒有什麼用具是不可或缺的？

我需要一大疊牛皮紙與夏比（Sharpie）簽字筆，無論到哪裡，包包中絕對少不了這些用具。

是否有什麼靈感來源，讓你總是一再探究？

雖然我的靈感來源從一九五〇年代的服裝到銳舞音樂無所不包，但我念茲在茲的是剪裁出漂亮的結構，以及這些衣服穿在人身上所展現的姿態。無論樣式爲何，最重要的是創造出能讓女性穿起來很美的衣服。

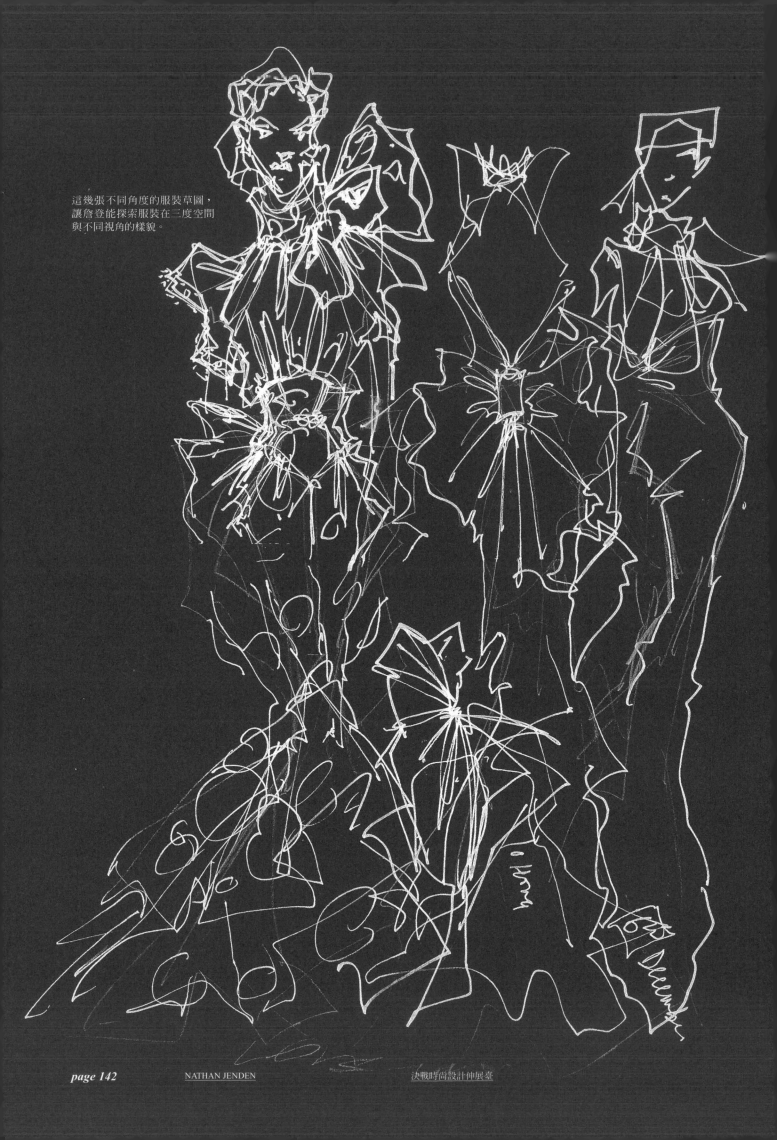

這幾張不同角度的服裝草圖，
讓詹登能探索服裝在三度空間
與不同視角的樣貌。

許多繪圖衍生出來的設計概念只停留在速寫本上。這些設計都是詹登 2008/09 年秋冬系列「祕史」的發展過程，但是從未登上服裝秀。這些概念都保留在速寫本中，或許有朝一日能發展成新的系列。

**在你的工作過程中，研究有何重要性？**

我不停的看書。我的工作經常從民族色彩中汲取靈感，進而透過剪裁捕捉量感，因此身邊總有許多書籍。

**依你的工作方式，有沒有什麼用具是不可或缺的？**

我用 Moleskine 筆記本，通常還有鋼筆。

**你最享受設計的哪一個部分？**

我的注意力只能短暫集中，很容易覺得無聊，因此時常在許多事物之間快速轉換。我不喜歡過度費力完成的東西；每當我回顧過去的系列，總是在研究那些最不費力的作品。這些作品至今仍是我最喜歡的，對我的影響也最強烈。等到服裝秀來臨時，我通常已經將注意力轉移到其他事物上了。

# OSMAN YOUSEFZADA

奧斯曼‧尤瑟夫札達（Osman Yousefzada）出生於英國，父母皆為阿富汗人。1997 年從劍橋大學畢業之後，曾進入銀行任職。然而尤瑟夫札達深知自己的天賦其實在時裝，因此決定到中央聖馬丁學院學時裝設計，並於 2003 年畢業。他在倫敦時裝週展出自己的系列，發揮自己的強項，打造出具有現代感的魅力服裝。

www.osmanyousefzada.com

**什麼會激發你的設計概念？**

我不停研讀服裝書籍，這些書籍每回總能帶給我不同的啟發。

**對你而言，在什麼樣的環境下工作最好？**

無論是火車、飯店房間、凌亂的小桌子或機場，我都能工作。

**你會不會經歷「靈光乍現」的一刻，知道作品能發展下去？**

通常是看到第一件試衣在人體身上試穿的階段發生；之後就會知道該增加或減少什麼。

**是否有什麼靈感來源，讓你總是一再探究？**

電影一直很重要。大致而言，我不會局限在某些事物上。大自然與色彩對我也相當重要。

**你如何描述自己的設計過程？**

我是個多產的速寫者，能很密集地工作，有時候可在短時間內完成一個系列的主體。我只要幾天就能畫出上百張圖，之後再行斟酌，予以增減。

**你的設計流程是否有例行的程序？**

通常是先畫速寫，或在浴室掛一條毛巾，看它如何披垂而下，之後就在人檯上設計。

**一天中有沒有哪個時段，讓你特別有創意？**

沒有，通常得憑感覺而定。

**你的設計過程是否會運用到攝影、繪畫或閱讀？**

除了速寫，立體剪裁或折疊也可以給我靈感。我會用iPhone 拍攝許多畫面當做參考。我不斷尋找一種氛圍。

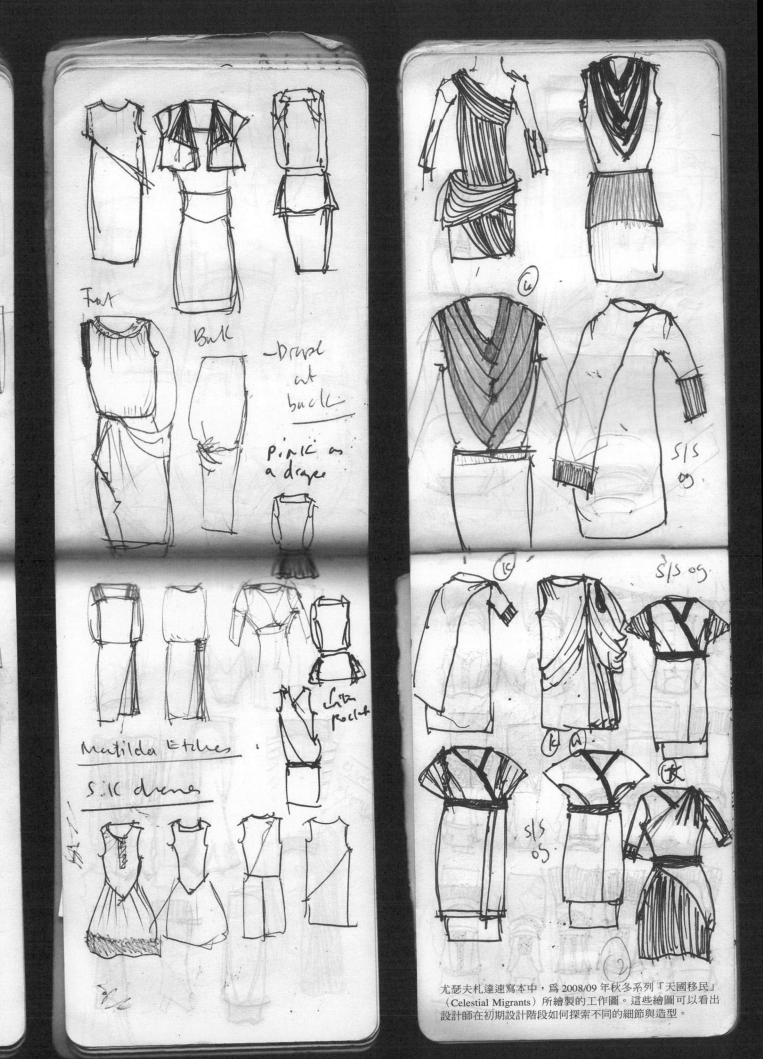

Fat

Back

—Drape at back

pink as a drape

Matilda Etches

Silk dress

S/S 09

S/S 09

S/S 09

尤瑟夫札達速寫本中，為 2008/09 年秋冬系列「天國移民」
（Celestial Migrants）所繪製的工作圖。這些繪圖可以看出
設計師在初期設計階段如何探索不同的細節與造型。

尤瑟夫札達速寫本中，為 2009 年春夏系列「荒涼
寶塔」（Savage Pagoda）所繪製的工作圖，反映
出設計師專注在服裝的輪廓。

一旦設計經過改善之後，就會採用更清楚
的插畫與色彩搭配。這些款式來自 2009/10
年秋冬系列「外星蒙兀兒人」（Cosmic
Mughal）。

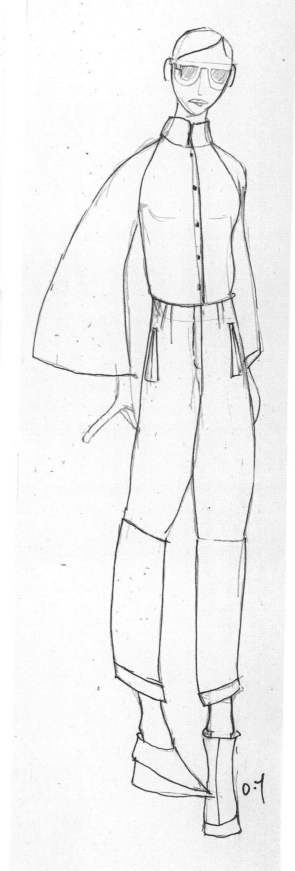

**依你的工作方式，有沒有什麼用具是不可或缺的？**

我喜歡用黑色細簽字筆與白色影印紙畫圖。

**你是否會感受到「靈光乍現」的一刻，知道一項設計可以行得通？**

有些設計得來很容易，每個階段都和想像的一樣，然而有些設計就得費盡苦工。設計在試穿階段可能會大幅改變，這時常常要解決出了問題的衣服，或是明白有些事情永遠無法實現，非得捨棄不可。

**什麼會激發你的設計概念？**

我向來喜歡每一系列的作品背後都能有故事。設計時我都會抱持這名靈感繆思的概念，總會不斷去思考。

**你的研究與設計方式如何從平面轉變為立體？**

如果靈感是來自衣服或物件，例如立體剪裁或縫紉技巧，這時靈感就是立體的，設計過程也會是立體的。其他時候則是由打版師將繪圖轉變爲版型。

**一天中有沒有哪個時段，讓你最能發揮創意？**

我完全是個晨型人，最晚在早上八點就會進工作室。除此之外，我喜歡週日在家裡一邊看 DVD，一邊畫圖。

**是否有什麼靈感來源，讓你總是一再探究？**

我會反覆探究幾個攝影師與藝術家的作品。我特別喜歡黛安·阿巴斯（Diane Arbus）、奧古斯特·桑德（August Sander）、維吉（Weegee）、漢斯·艾克爾布姆（Hans Eijkelboom）等攝影師，常從他們的照片找到靈感，尤其是寫實的人物照。我也覺得辛蒂·雪曼（Cindy Sherman）的攝影作品很有啓發性，她透過服裝來創造角色，正是我很有興趣的事。

# PETER JENSEN

彼德·詹森（Peter Jensen）出生於丹麥，曾學過平面設計、刺繡與裁縫，之後進入倫敦中央聖馬丁學院學時裝設計，於 1999 年畢業。他立刻推出男裝系列，大受好評，於是接著推出女裝系列，這兩個系列在每一季的倫敦時裝週皆會展出。他的服裝能展現出未來趨勢的端倪，每一季都是眾所矚目的焦點。詹森運用充滿個性、獨立的時裝設計手法，將機敏與富有魅力的時裝融合爲一。

www.peterjensen.co.uk

**在你的工作過程中，研究有何重要性？**

研究對設計過程相當重要，但它不會依循固定的模式，因此我無法確切描述這個過程是什麼。有時我會刻意做些研究，例如去旅行或上圖書館，其他時候可能只是在電視或報紙上看到了有啓發性的東西，或在路上瞥見一個人，爲我帶來靈感。每個系列的情況也各不相同。有時候我對於研究過程應該如何進行有確切的概念；比方在 2004/05 年的秋冬系列，我就收集了許多舊衣服與復古服裝，請朋友搭配之後拍照，我再好好研究一番。而在上一季，我們去了一趟格陵蘭，並運用在當地找到的靈感來設計新系列。其他系列的靈感可能來自許多不同的事物或單一的畫面。我認爲完全不做研究就要設計很難，至少也要建立某些界限才行。

**你的設計流程是否有例行的程序？**

其實沒有。有時候你會知道自己想做什麼樣的衣服，因此要找出需要做哪些研究，以幫助你完成這些衣服。其他時候可能一開始不知道自己想做什麼，而是先研究有興趣的東西。

**在設計過程中是否有團隊參與？有的話，他們會做些什麼？**

當然有團隊。我的夥伴傑拉德（Gerard）會持續參與設計過程，爲整個系列的方向提出建議、挑選布料、試裝與製作服裝秀。和我在服裝秀合作的造型師貝絲·芬頓（Beth Fenton）也積極投入每個系列的開發，包括尋找現有的服裝或圖片當做參考，或將她在街上看到別人穿的有趣鞋子畫出來；她還肩負將服裝秀的各種造型加以整合的重責大任。我也和織品設計師共同設計印花，這也很重要。其實過程當中有許多人參與，工作室的每個人都有貢獻，甚至工作室外的朋友也可能給予建議，或提供具有啓發性的衣服或圖片。

**對你而言，在什麼樣的環境下工作最好？**

我畫圖的時候喜歡獨處，所以在家裡可能最適合。但如果要試裝或挑選布料，最好周圍有其他人參與。

**你如何描述自己的設計過程？**

我認爲設計有好幾個階段。我通常會將服裝單獨設計，而不是整套設計，因此整個系列的樣貌要等到服裝秀之前彙整起來時才看得出來。通常每個系列是依據一名靈感繆思而來，有時候她就是起點，有時候她較晚才出現，並將一切整合起來。

1 詹森的設計圖顯示他重視服裝的輪廓。這
  三張速寫是 2005 年春夏系列「東妮亞」
  （Tonya）中，同一款洋裝的不同變化。

2 2009/10 年秋冬系列「尤特」（Jytte）的布
  料研究。把小塊布樣放在一起，以確保整體
  故事能順利發展。

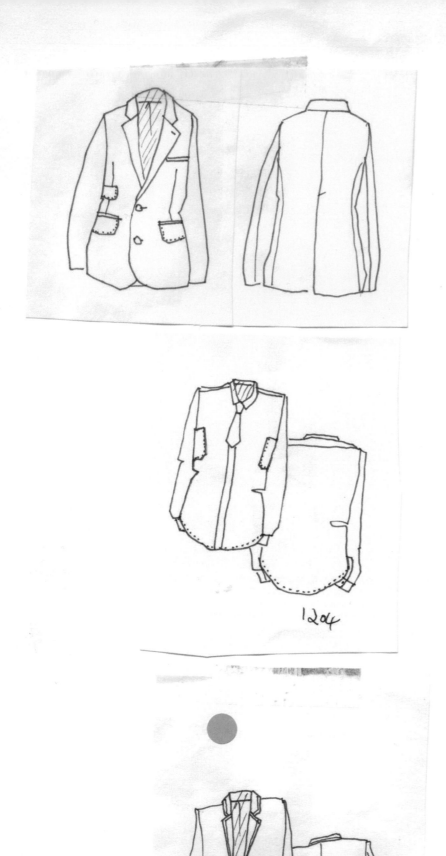

MC1

1204

441

2008 年春夏男裝系列「敏克」（Mink）平面技術繪圖，包括正面與背面，可以看出如何賦予這些衣服結構。

將所有的服裝款式拍照，讓詹森的團隊方便決定 2009 年春夏系列「茱蒂」（Jodie）服裝秀的出場順序。這些服裝的設計，是以電影《沉默的羔羊》（*The Silence of the Lambs*）中由茱蒂‧佛斯特飾演的克麗絲‧史達琳（Clarice Starling）為中心。攝影：貝絲‧芬頓。

艾利克斯・福克斯頓（Alex Foxton）為詹森 2005 年春夏系列「東妮亞」繪製的插圖，傳達出這些衣服青春洋溢的精神。

1　2009/10 年秋多系列「尤特」的平面設計圖，
　　說明服裝將使用哪些布料。

2　2009 年春夏系列「茱蒂」的男裝照片研究，
　　包括英國歌手亞當・安特（Adam Ant）的
　　照片與過去的裁縫技術。

3　詹森為 2008/09 年秋多男裝系列「吉斯」
　　（Keith）所繪製的設計圖。通常他會在插
　　圖中描繪人物，界定出這個系列的風格。

4　詹森在 2010 年春夏系列「渡假村」（Resort）
　　的設計圖中，強調裙子的一處細節。

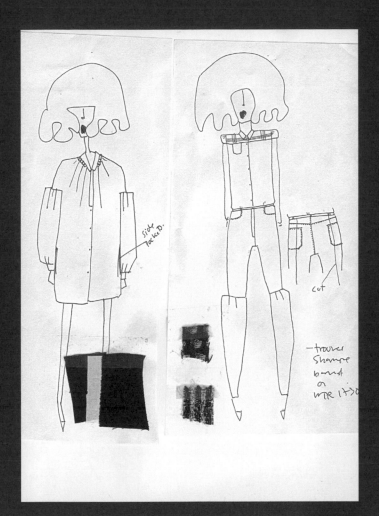

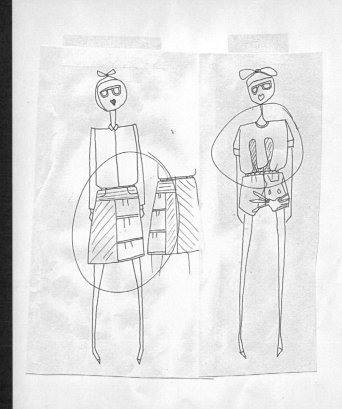

**你們最享受設計的哪一個部分？**

整個過程都很享受。這樣很好，因為如果你的時間得全部投入某件事，那麼最好能熱愛這件事，否則只會為了錯誤的理由工作。

**你們的研究與設計方式如何從平面轉變為立體？**

我通常會以立體的方式構思，之後再回過頭設計。團隊的其他成員得看平面的繪圖，才能在工作室中做出第一套樣品。我們有許多視覺資料可供參考，因此這個過程算是相當愉快。

**在設計過程中，是否有團隊參與？有的話，他們負責些什麼？**

我們有設計助理與打版團隊參與研究，並做出樣品服裝系列。我們的團隊相當優秀，每個人都為了工作室全力以赴，畢竟這裡可承擔不起態度不佳的人。他們會提出與這一季主題相關的討論，之後再仔細剖析，去蕪存菁，繼續前進。

**一天中有沒有哪個時段，讓你們最能發揮創意？**

我們在白天會處理各種款式的樣品與新技術；到了晚上，我會進入另一個層次，思考我們已達成的事物，並設法推動過程。因此，就看你認為哪個部分比較有創意，是雞或是蛋。

**你們的設計過程是否會運用到攝影、繪畫或閱讀？**

我們的設計會從幾個參考點開始，包括布料、藝術品、普通物品、人或任何與主題有關的事物，甚至是朋友正好說出吻合我們心中思緒的一番話。我們有廣大的空間可以表現靈感，每一季或每個案子都會更新。我們的工作室很繁忙，同時有多項計畫進行，還有活動與展覽要做。

# PPQ

**PPQ 為倫敦時裝品牌**，在 1992 年成立之際，是由艾美・莫利諾（Amy Molyneaux）與波西・帕克（Percy Parker）共同創辦的時尚、音樂與藝術綜合體，2000 年才推出服裝品牌 PPQ。PPQ 以奢華普普時尚風見長，各系列多以音樂為靈感來源。2006 年，該品牌於倫敦成立旗艦店。PPQ 的衣服年輕又實穿，傳達出青春氣息，因此廣受音樂人與樂團的喜愛。

www.ppqclothing.com

**你們如何描述自己的設計過程？**

我們的設計過程和生活型態密不可分，隨時都在設計。這不是一份朝九晚五的工作，而我們就生活在自己所營造出來的 PPQ 環境中。平日，白天我們在 PPQ 工作，到了晚上比較可能出門……隔天又再來一遍。

**依你們的工作方式，有沒有什麼用具是不可或缺的？**

在設計時，我會隨身攜帶黑色鋼筆和小速寫本，但說到概念，無論概念怎麼出現，你都得設法留住它。坐在桌子前枯等想法降臨是不切實際的。我可能在吃晚餐時得突然起身，把什麼東西寫下來。或者有一天，一切突然水到渠成。最終的設計要畫在散裝的紙上才能移動來移動去，並把這些設計視為一個整體，如此更容易去增減一些想法。由於我們得在任何地方都能工作，因此也培養出專注力。

**什麼會激發你們的設計概念？**

電影和書本一樣具有啟發能力，但是得符合我們的方向。

**你們會不會經歷「靈光乍現」的一刻，知道作品能夠發展下去？**

在想法出現時通常就會知道了，不必去鑽牛角尖，思考這些概念好不好。不必真的去討論，只要知道是否能打動你就行了；這是很基本的感覺。

**對你們而言，在什麼樣的環境下工作最好？**

我們每天在工作室一起努力，這裡通常也是我們最喜歡的地方。但如果我突然覺得想法大量湧現，就會躲回公寓，以免電鈴突然響起，一堆人登時湧進。

**在你們的工作過程中，研究有何重要性？**

研究有各種形式，可以是氛圍板、在外頭度過的夜晚或到某個地方出遊。這是個講究創意的過程，什麼都有可能納入。之後當我們就緒，就會很清楚印花與色彩走向，一個系列於是誕生。

**是否有什麼靈感來源，讓你們總是一再探究？**

波西和我會彼此啟發。我們會不斷討論新的方式與事物。有時憂心，有時歡喜。我們會一起回想一些時刻，當時的感受可能就是我們現在正在尋找的，例如過去參加的活動或造訪的地方，這樣我們可以再思考為什麼它會深深吸引我們。

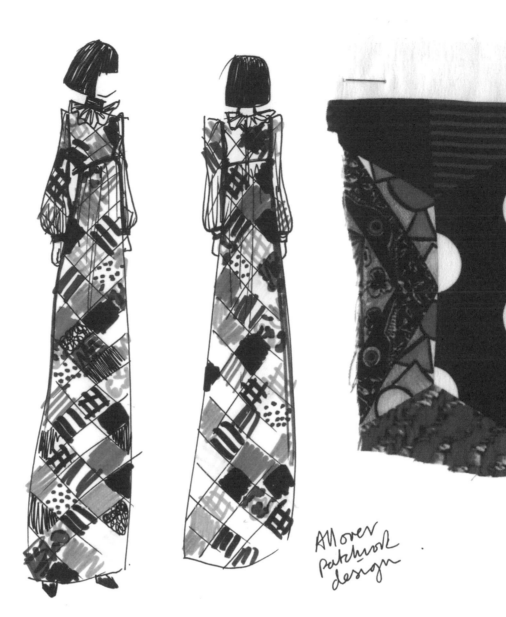

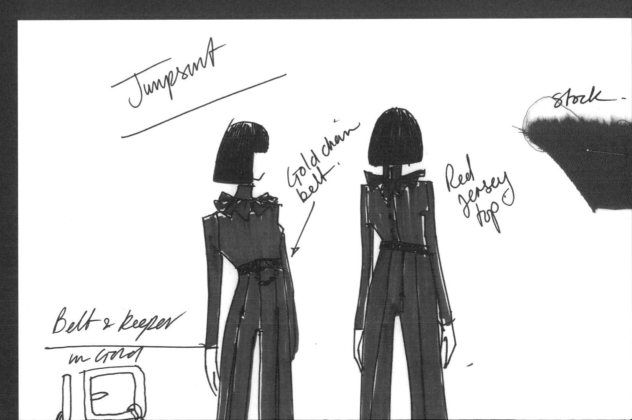

1　2009/10 年秋冬系列一件多彩長版洋裝「帕洛瑪」（Paloma）的設計圖。此圖說明了這個系列的精神，而小塊布樣則顯示出拼布如何應用到服裝的結構上。整件衣服的側面與背面圖傳達出修長的輪廓。

2　2009/10 年秋多系列一件式連身衣褲「代價」（Ypris）的設計圖，附有一小塊布樣，並說明配件的詳細資訊。

**你的研究與設計方式如何從平面轉變為立體？**

我完成最初的速寫之後，差不多就馬上製作基本的輪廓造型。對我來說，越快開始進行立體程序，最後的設計成果也越好，否則只是紙上談兵。

**在你的工作過程中，研究有何重要性？**

研究非常重要，能界定並反映出一個系列的主題。研究可能是一個畫面，或甚至只是關於主題的一段對話與分析。

**你如何描述自己的設計過程？**

這個過程對我來說很有系統：我選擇一種氛圍或感覺，當做整個系列的基礎，然後找出能反映這種氛圍或感覺的視覺與聽覺參考資料，接下來開始速寫，做出基本造型，最後透過試裝與製造的過程，讓概念更趨完美。

**一天中有沒有哪個時段，讓你最能發揮創意？**

我在早晨最清醒，大約是早上七點，這時我會在員工、電話與電子郵件出現之前，先在工作室獨自工作。

**在設計過程中是否有團隊參與？有的話，他們會做些什麼？**

我的朋友米拉·斯雷（Meera Sleight）與安東尼·坎貝爾（Anthony Campell）就是我的顧問。我會和他們討論想法，他們也會在我太忙時協助我做研究。同樣地，我的助理班恩·馬齊（Ben Mazey）和打版師會幫我在試裝時做決定。我的造型師雅各·K（Jacob K）與選角指導羅素·馬許（Russell Marsh）會幫忙為女孩們打點造型。我喜歡讓許多人參與。

**你最享受設計的哪一個部分？**

最美好的部分是畫圖的階段，試衣最後的製作階段，以及實現階段，這時設計開始顯得真實可信。中間的過程最痛苦，因為這時我參與得最少，例如等待打版師與縫紉師們做出第一套試衣等等。

**對你而言，在什麼樣的環境下工作最好？**

我喜歡在飛機上工作，那裡沒什麼能讓我分心；我總是在飛行途中完成服裝系列的概念架構。

# RICHARD NICOLL

理查·尼考爾（Richard Nicoll）出生於英國，在澳洲長大，日後又回到倫敦求學。2002 年，他從中央聖馬丁學院畢業。尼考爾曾與馬克·雅各布斯（Marc Jacobs）在路易威登共事，之後於 2005 年自創品牌，並開始在倫敦時裝週亮相。尼考爾以個人特有的手法處理現代服裝，展現出獨特、創意、新奇的理念，備受時尚媒體讚譽。

www.richardnicoll.com

**你的設計過程是否會運用到攝影、繪畫或閱讀？**

我的設計過程會用到上述所有元素，還有大量討論，以及嘗試從拼貼和後來的試衣製作尋找想法。在服裝系列的發展過程中，設計會不斷演變，不是畫了一張圖之後就結束。一定要不斷從錯誤中學習，才能達到最佳效果。

**依你的工作方式，有沒有什麼用具是不可或缺的？**

一疊 A4 紙、描圖板、一套三菱（Uni Pin）超細字黑色代針筆，還有從人體攝影師喬克·斯特吉（Jock Sturges）書中找到的裸女樣板。

**你的設計流程是否有例行的程序？**

有。一旦完成研究之後，我就會構思如何安排第一到第三十一款服裝的順序，或任何我設計的數量。我不喜歡隨意製作出無法融入特定造型的服裝，因為我會擔心浪費金錢與時間……每一件衣服在拼圖中都必須扮演重要的角色。一旦這部分完成後，我會開始製作試衣，並將第一次試裝的情形拍照，之後我會印出來、繪圖並上色。這個過程會隨著系列的演進而持續，直到我們完成服裝，讓試裝模特兒試穿，並為最後的造型拍照。之後，我們就準備在服裝秀前夕，讓模特兒試穿各個款式。

**你是否會感受到「靈光乍現」的一刻，知道一項設計可以發展下去？**

當我設計好服裝順序，會讓第一款到三十一款在紙上產生有意義的故事，而不是隨機出現，這時我會覺得很興奮，並準備製作試衣。

**什麼能激發你的設計概念？**

我買了許多攝影書籍當做參考，但是靈感可能來自任何地方，例如一種情緒、感覺、氣味、氣氛、街上的行人、一段對話、藝術品、哲學。通常和團隊成員溝通想法時，最常用的就是圖像的研究。

**是否有什麼靈感來源，讓你總是一再探究？**

我總是一再思索如何凸顯個人特色與個體；這是我的理想。我喜歡將各種想法綜合起來，我的系列向來是由不同且對立的主題打造而成的「拼貼」。

尼考爾為 2008/09 年
秋冬系列繪製的速寫
發展圖。這顯然是較
為簡潔的黑白線稿，
對衣服的設計有清楚
的指示。較粗的筆觸
是用來強調服裝的主
要細節。

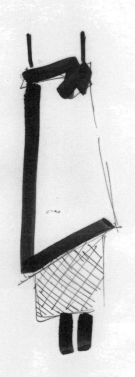

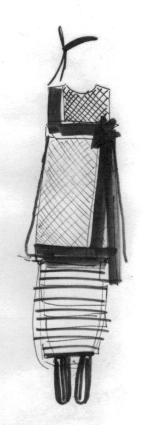

這是尼考爾為自由委託的案子所繪製的草圖與設計筆記。圖中運用照片，為服裝傳達出一種生氣勃勃的心境與氣氛。

2010 年春夏系列開發中的插圖，運用了照片、繪畫與拼貼。

你們的設計流程是否有例行的程序？

嗯，我們總是先從做研究開始，然後是設計，再來是發展成立體，但這不代表什麼途徑或方法。我們當然會以某種方式工作，畢竟不能反其道而行，但通常會輕鬆看待過程，期間的每個階段不會給自己太多時間限制，而是盡量自然發展。

什麼會激發你們的設計概念？

我們的設計過程可能受到任何事物的啓發，完全看當下認爲什麼樣的想法最重要、什麼感覺最貼切。話雖如此，我們是在打造一個品牌和一種形象，也是在提出期盼能獲得眾人認同的理念。我們認爲「泰迪男孩」（Teddy boy，英國一九五○年代的次文化，帶有叛逆、痞子的意味）與鄉土搖滾非常有趣，看到裁縫手藝也能蘊含如此重要、幾乎算有侵略性的潛在意義，實在很佩服。這是我們喜歡一直回溯的題材，也讓我們在設計與開發時，能有連貫的美學觀。

你們最享受設計的哪一個部分？

我們喜歡研究，並深入探討主題。這樣可以打開如何處理事情的眼界，不會只顧著設計衣服，而是還要顧及布料、質地及最重要的：創造出有趣的氣氛。

依你們的工作方式，有沒有什麼用具是不可或缺的？

只要有黑筆和白紙就夠了。其他東西只會讓設計過程變得拘謹、冗贅。

你們的靈感來源為何？

任何一切事物都可能啓發我們。小如古董市集找到的副料，或者大如重要的繪畫或電影。最好的辦法，就是別刻意尋找。

在你們的工作過程中，研究有何重要性？

我們認爲在設計一個系列時，研究是最重要的，因此會投入大量精力。對我們來說，這是整個設計過程中最刺激的部分，沒有什麼不可打破的金科玉律，任何方向都有可能。

# SINHA—STANIC

費歐娜・辛哈（Fiona Sinha）有英國與印度血統，她出生於亞伯丁（Aberdeen），在新堡（New Castle）長大。亞歷山大・斯坦尼克（Aleksander Stanic）出生於克羅埃西亞，1990 年遷居德國漢堡。1998 年，兩名設計師搬到倫敦，進入中央聖馬丁學院就讀，品牌「辛哈—斯坦尼克」（Sinha—Stanic）就是他們在倫敦共同創辦的。辛哈取得女裝設計學士學位，而斯坦尼克則取得時裝設計與印花學士學位。兩人在 2002 年畢業之後，於 2004 年首度推出自己的系列，參加「時裝新秀」（Fashion Fringe）大賽，進入前四強，辛哈—斯坦尼克得以登上倫敦時裝週初試啼聲。在服裝秀之後，兩人與義大利奢華精品公司 Aeffe 簽約。在 2005 年二月的倫敦時裝週期間，他們首度獨立舉辦服裝秀。

www.sinhastanic.com

一天中有沒有哪個時段，讓你們最能發揮創意？

有，就是晚上。這時我們會覺得比較平靜。

你們的設計過程是否會運用到攝影、繪畫或閱讀？

會，我們的設計過程會包含這一切。有些系列深受攝影影響，有些則是從電影或某一張繪畫作品取得靈感。

你們如何描述自己的設計過程？

有機、連續。

對你們而言，在什麼樣的環境下工作最好？

通常是週末在家時。工作室可能會太忙亂，電話整天響個不停，於是你得處理一堆事情，但重要的事卻沒辦法做。

你們的研究與設計方式如何從平面轉變為立體？

這得看情形而定，我們通常會花很長的時間進行研究，改變對眼前事物的想法。除非我們對某個概念滿意了，否則不會輕易將它化爲立體。等研究與設計終於轉化成眞正的服裝時，概念可能會改變，這沒有關係，但是最初的理念必須正確，我們才會全心投入將之轉化爲立體。

你們是否會感受到「靈光乍現」的一刻，知道一項設計可以行得通？

當一件作品能如預期發展出來，甚至超越預期時，絕對是令人振奮的一刻，而每個曾經付出努力的人都會有成就感。這一刻絕對令人開心，只可惜如曇花一現！

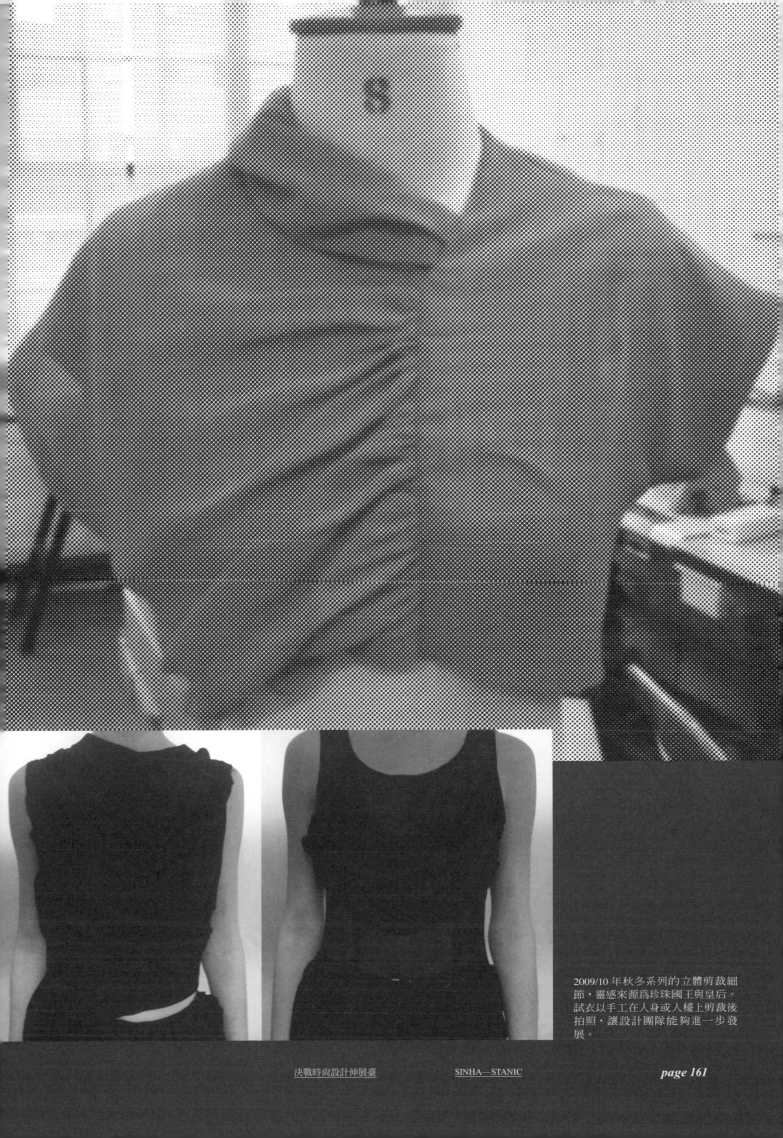

2009/10 年秋冬系列的立體剪裁細節，靈感來源為珍珠國王與皇后。試衣以手工在人身或人檯上剪裁後拍照，讓設計團隊能夠進一步發展。

1 同色系條紋針織洋裝的第一件試衣，屬於
　2008/09 年秋冬系列。

2,3 2008/09 年秋冬系列中，一件黑白條紋針
　　織外套的初步試衣。這個系列的靈感來

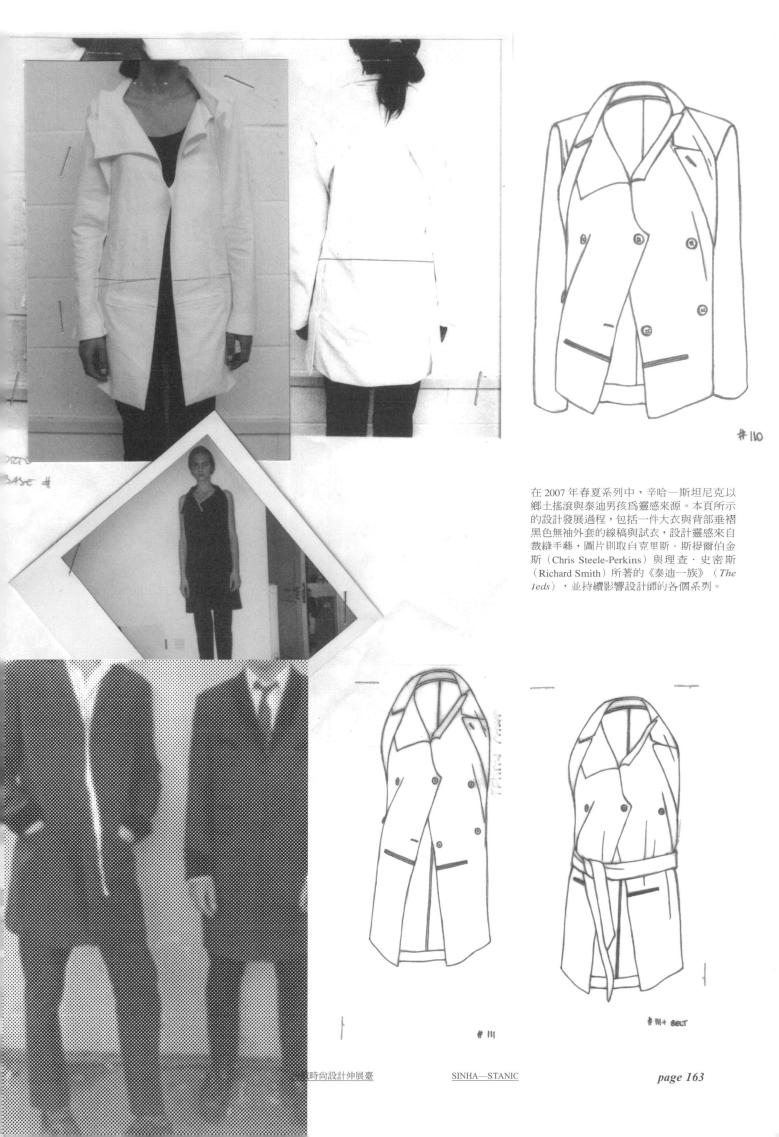

在 2007 年春夏系列中，辛哈—斯坦尼克以鄉土搖滾與泰迪男孩爲靈感來源。本頁所示的設計發展過程，包括一件大衣與背部垂褶黑色無袖外套的線稿與試衣，設計靈感來自裁縫手藝，圖片則取自克里斯·斯楬爾伯金斯（Chris Steele-Perkins）與理查·史密斯（Richard Smith）所著的《泰迪一族》（*The Teds*），並持續影響設計師的各個系列。

# 110

# 111

# 111+ BELT

**妳最享受設計的哪一個部分？**

設計過程的每個環節我都非常樂在其中。能夠全心投入、催生一項設計很令人開心。我大概有一半的時間在做研究。我得花許多時間收集夠多資料才能提出回應，之後的設計過程就會進行得很快。等到研究收集齊全後，我會花幾天在紙上設計出一個系列，然而對我來說，紙上設計並非設計過程的終點。等到開始製作時，我喜歡依然保有一些空間來隨機應變，所以要等服裝製作完成之後，設計流程才會結束。

**一天中有沒有哪個時段，讓妳特別有創意？**

下午或晚上。我連在睡夢中都還努力工作，這時得快點醒來把東西寫下來，或趕緊畫出草圖。

**依妳的工作方式，有沒有什麼用具是不可或缺的？**

我會用到普通的 A4 影印紙，也需要 0.1 與 0.5mm 的黑色百樂筆、修正液、鉛筆和白橡皮擦。除此之外，我得把照片列印出來，附近也要有影印機可用。

**妳的靈感來源為何？**

我的靈感來源一向是自己透過訪談、照片與書寫等方式所收集到的第一手資料。我在研究中很少使用書籍或電影，但在電視看到的東西、報上看到的文章或照片可能會突然冒出來。思考這些資訊哪裡打動你，什麼時候心思會停留在某個主題，在對話中發現什麼，以及何時留意到原本視而不見的電視節目或書本，這些都很有意思。在「三座衣櫃」（Three Wardrobes）計畫中，我訪談了一群自認為不在乎自己穿著的挪威男人。我將他們的每一件衣服拍照，並收集每件衣服的故事與相關事蹟。結果顯示出他們和衣服之間有著非常個人的情感故事，每個男人對於衣著的熱情也會自動顯現出來。就這樣，我發現了關於服裝的美好概念與想法，而這些男人願意與我分享，也讓我感到很榮幸。

# SIV STØLDAL

來自挪威的男裝設計師席芙‧斯多達爾（Siv Støldal），1999 年畢業於中央聖馬丁學院。她曾在倫敦與巴黎展出過服裝系列，並與弗萊德‧派瑞（Fred Perry）、Topman 等男裝品牌合作。2006 年，英國時裝協會（British Fashion Council）提名斯多達爾為年度最佳男裝設計師。她獨樹一格的設計手法，融合了罕見的研究技巧與展現方式，作品經常訴說著服裝本身演進的故事。斯多達爾馳名之處，在於衣服經過縝密構思，不僅吸引休閒風格的愛好者，同時具有敘事性，更加打動人心。

www.sivstoldal.com

**妳是不是會經歷「靈光乍現」的一刻，知道一項設計能行得通？**

當然。在研究過程中，會讓我又驚又喜的東西總是最好的，我也總會先處理最令我興奮的層面。在之後的過程，如果紙上或衣服上出現了未曾見過的東西時，我就知道自己做對了。我認為做出大家眼中的新穎衣服，是設計師的責任與樂趣，這時，衣服的外觀會讓觀看者驚喜；他們看起來像是愣在那裡，這模樣總讓我想笑。然後我就知道其中一定有令我滿意之處。

**妳如何描述自己的設計過程？**

設計的過程，是在我收集了充足的研究資料供我思考之後展開：我是透過我設計的服裝、墨鏡、鞋子，將事物分類、剖析、綜合，並評論這個過程。

**妳的研究與設計方式如何從平面轉變為立體？**

對我來說，整體過程都是立體的，我從未以平面的方式看待。我有紮實的裁縫師背景，很了解製作與打版，因此思考時向來注重解決方案。由於整個過程從服裝的研究開始，以實際的服裝結束，就算研究與工作流程有點抽象，也絕不是平面的。

**對妳而言，在什麼樣的環境下工作最好？**

我過去向來自認為得待在工作室裡，要獨自一人，而且音樂開得震耳欲聾，但最近也在挪威的地方圖書館待很久。這裡有許多老太太工作，她們在後面布置了一個很有祖母味道的小空間，裡頭有張一九五〇年代的沙發，還有不怎麼搭的桌椅、可愛的繡花枕和跳蚤市場隨意購買的燈。這裡實在太有祖母的味道，我好喜歡在此工作。這裡多半很安靜，但這些老太太很有趣，偶爾會過來對我的設計品頭論足一番。

**妳的設計流程是否有例行的程序？**

有，我想我已經找到了一條路徑。我根據經驗，清楚了解從研究到服裝系列完成的過程，深知在某個時間點是進行到過程中的哪個部分。話雖如此，我還是喜歡在過程中採用不同做法，給自己一些挑戰。創意瓶頸固然會發生，這時會讓人覺得很苦，但我知道這些「碰壁」的時刻是必須的，這樣才更能穿越各個層次，深入探索研究材料。

在 2009/10 年秋冬系列的「三座衣櫃」計畫中，斯多達爾訪談了一位擁有十六件風衣的退休人員。這些風衣雖然都有軍裝的特色，但細節與色彩仍有變化，沒有兩件一模一樣。於是催生了「二合一外套」的概念，也就是兩邊各代表不同的外套。

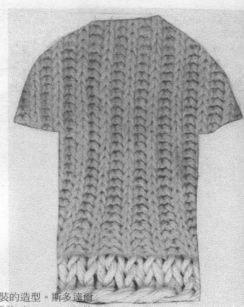

編織樣本通常會影響服裝的造型。斯多達爾在祖父母位於挪威哈丹格（Hardanger）的夏季渡假屋中找到的服裝，爲她在 1999 年中央聖馬丁學院男裝畢業展帶來靈感，製作出這些套頭毛衣。

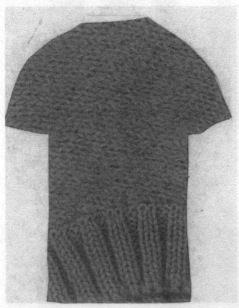

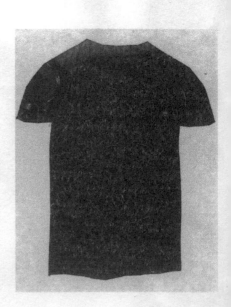

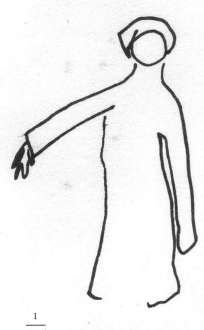

$$\frac{1}{2}$$

1　在 2001/02 年秋冬系列「稻草人」
　　（Scarecrow）中，斯多達爾爲了研究不
　　自覺的穿著方式，於是請故鄉提薩伊島
　　（Tyssøy）的七戶人家製作稻草人。斯多達
　　爾記錄下這些作品，影響了此系列。

2　在 2003/04 年秋冬系列「痕跡」（Trace）中，
　　斯多達爾拍攝了提薩伊島的居民，記錄他們
　　對於「週日盛裝」（Sunday Best）這個用
　　語的想法。她將每張照片的概念轉化到衣服
　　上，並爲每個居民製作小雕塑，成爲她設計
　　服裝的起點。

1 斯多達爾為 2001 年春夏系列「鮑伯・詹姆士」（Bob James）所做的針織服研究，這是她的第一個服裝系列，出發點為設計師小時候穿的四件毛衣。

2 在 2005/06 年秋冬系列「盛裝／隨性」（Dress Up/Down）中，設計師研究了自己婚禮上的賓客，並參考男人如何發揮各式穿法來穿同一套服裝。斯多達爾在這些模特兒臉上，貼了婚禮賓客與當地觀禮者的照片。

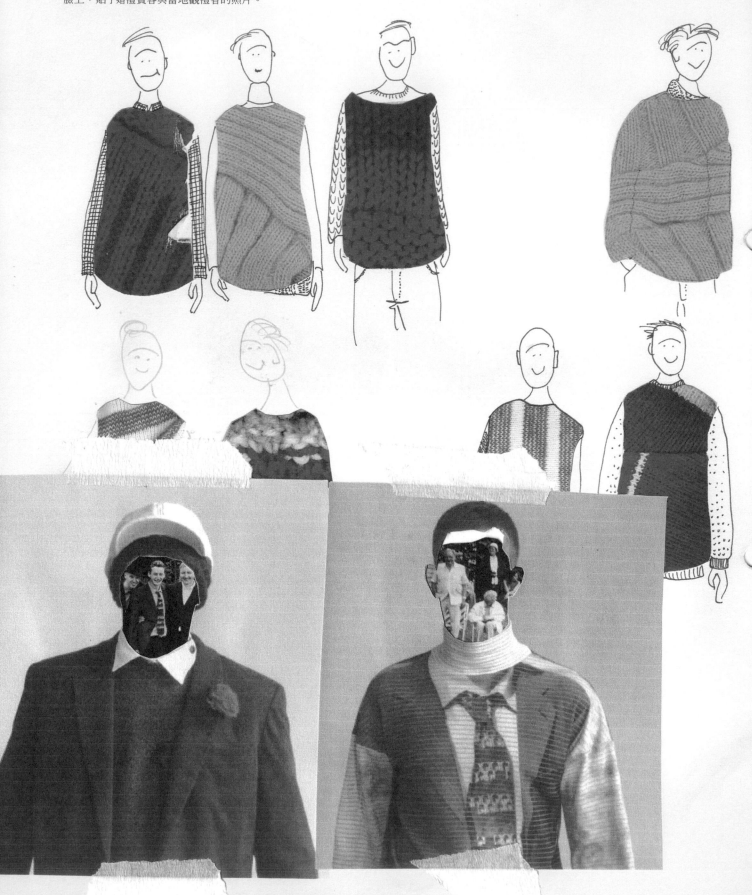

double
pashmina

1999 年斯多達爾碩士畢業展的男裝系列速
寫頁面。設計師解釋：「那時，我在搭公車
與地鐵時常常速寫，這一頁就是這樣畫出來
的。」

你們的設計過程是否會運用到攝影、繪畫或閱讀？

我們會大量採用草圖與繪畫。這個過程最花時間，也得最留意細節。這個環節無論發生什麼，我們都會自己處理，而聰男和我獨自在工作室時，最能把這個部分處理得最好。我們也會拍照，通常是拍些以後會引用或使用的東西。我們也會用愛犬糖糖（Candy）的照片，牠常常在我們的印花中軋一角，有時很明顯，有時只是小小的細部，例如不太好找的小花色。說來有點難為情，我們為糖糖拍了好多照片。

你們的研究與設計方式如何從平面轉變為立體？

只要布料一出現，就會轉變成立體。版型和造型其實已經在桌上就緒，接下來宛如風暴降臨，在一片混亂中度過，熬夜成為家常便飯，直到完成！

是否有什麼靈感來源，讓你們總是一再探究？

我們會反覆閱讀一些書籍，尤其是有園藝類繪圖的書。此外，我們或許會去華勒斯收藏館（The Wallace Collection）走一趟，看看畫在象牙上的小水彩畫。其實每一季總會有許多新的參考來源與靈感，因為我們不停收集各種書籍、圖片、照片與打算使用的物件。

一天中有沒有哪個時段，讓你們最能發揮創意？

沒有。只是我們常在晚上或週末工作，因為這時候電子郵件比較少，不容易分心。

你們最享受設計的哪一個部分？

其實沒有哪個部分不喜歡。困難之處在於得奮力找出到底想做些什麼，而且覺得必須做到滿意為止，但這些都是做設計的必經之路。最享受的部分就是攤開所有的圖畫，覺得已經找到完美的設計。另一種令精神為之一振的日子，是從印花廠手中拿到布料；大家會興奮地圍在旁邊試來試去，七嘴八舌地討論。

# SWASH

位於倫敦的史瓦希（Swash），是由莎拉·史瓦希（Sarah Swash）與山中聰男（Toshio Yamanaka）共同成立。在創建品牌之前，兩人就讀於中央聖馬丁學院。他們原本在日本販售自己的設計，之後贏得三座大獎，紅回了歐洲並廣獲好評，其中包括 2004 年在法國耶爾（Hyères）舉辦的第十九屆國際時裝節（Festival International des Arts de la Mode）大獎。史瓦希的服裝概念是靠著兩名設計師之間的合作而來，風格通常在探索如何應用造型、印花與多功能。

www.swash.co.uk

你們如何描述自己的設計過程？

我們會先尋找服裝系列要做的主題或東西，接下來開始畫草圖與彩繪，這是過程中最冗長的部分。之後，我們把繪圖印出來或印到圍巾，這同樣是相當辛苦的過程，會牽涉到許多改變，也經常得重新思考。然後我們會把所有的設計送去印，靜待成果出爐。在經過幾次打樣與技術性的調整之後，會拿到最後的布料。這時，我們會很清楚這些設計將變成什麼模樣，然後就得拚了命，加速把整個系列整合完成。

你們會不會經歷「靈光乍現」的一刻，知道作品能夠發展下去？

會。當一件事情行得通的時候，絕對會有感覺。那一刻，你也會清楚知道接下來該做什麼。

什麼會激發你們的設計概念？

其實什麼都會。這關係到要把許多會用到的小東西收集起來，以打造出新一季的造型與方向。我們可能從書本、電影或之前拍的照片取得色彩的靈感，在繪圖時則用到相同或截然不同的書本或物件。將所有資源收集起來，是身為設計師最快樂的時候，這是在發掘事物，集結物品與想法，讓我們能趁機去鑽研、閱讀並探索能啟發創意的事物。

在你們的工作過程中，研究有何重要性？

研究佔有很重要的角色，尤其是在繪圖階段，而且我們製作的每種印花各有獨特的主題。我們的設計過程先由思考該做些什麼、該從何處著手開始。這個過程看起來總是很簡單，但是耗費的時間每每超出預期。基本上，這時候要收集喜歡的東西，主要是書籍。我們花很多時間逛書店，也常逛古董店與二手商店，在那裡常常可以找到圖畫或舊書，帶領我們往新的方向思考。一旦完成收集之後，要繼續深入研究一、兩個特定主題就簡單多了。

你們的設計流程是否有何例行的程序？

有：研究、收集資料、畫圖、上色、掃描、設計、打版，然後等布料送來。

依你們的工作方式，有沒有什麼用具是不可或缺的？

百樂超細鋼珠筆（G-Tec-C4），聰男只用這種筆畫圖。此外還有溫莎牛頓牌的水彩、朗尼牌（Daler Rowney）特定磅數的紙張。

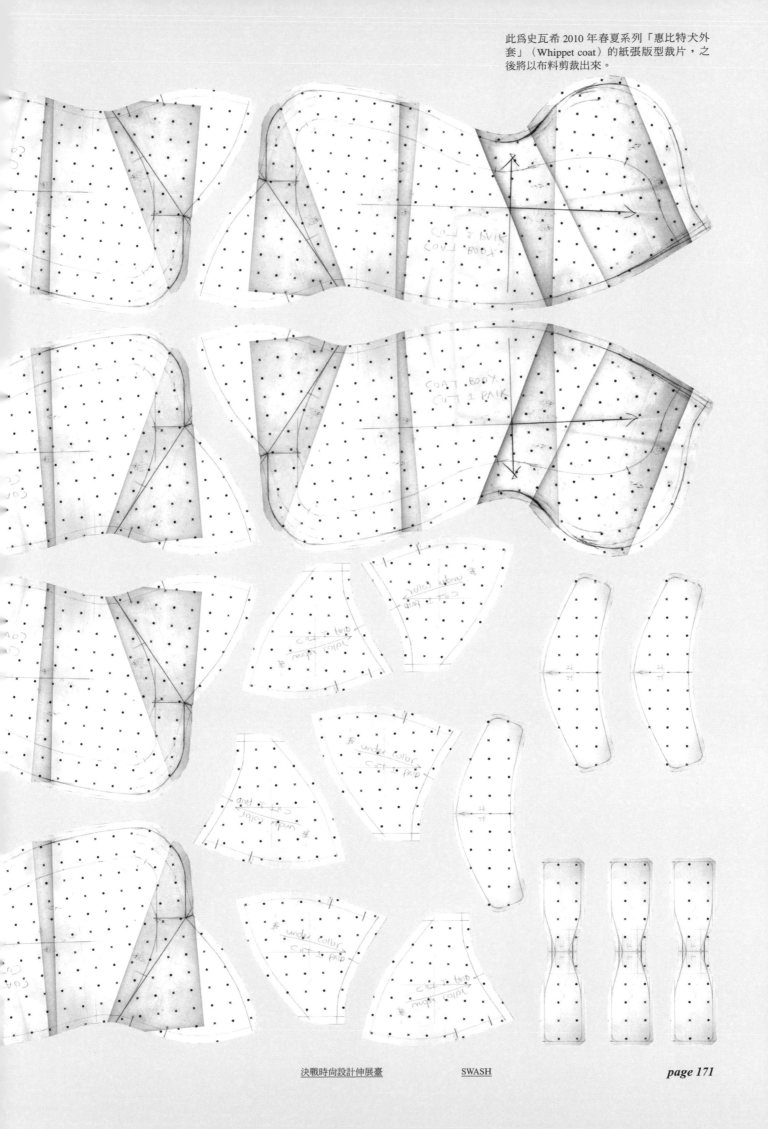

簡單的一道道水彩筆觸，成為 2009 年春夏
系列的色彩參考來源。

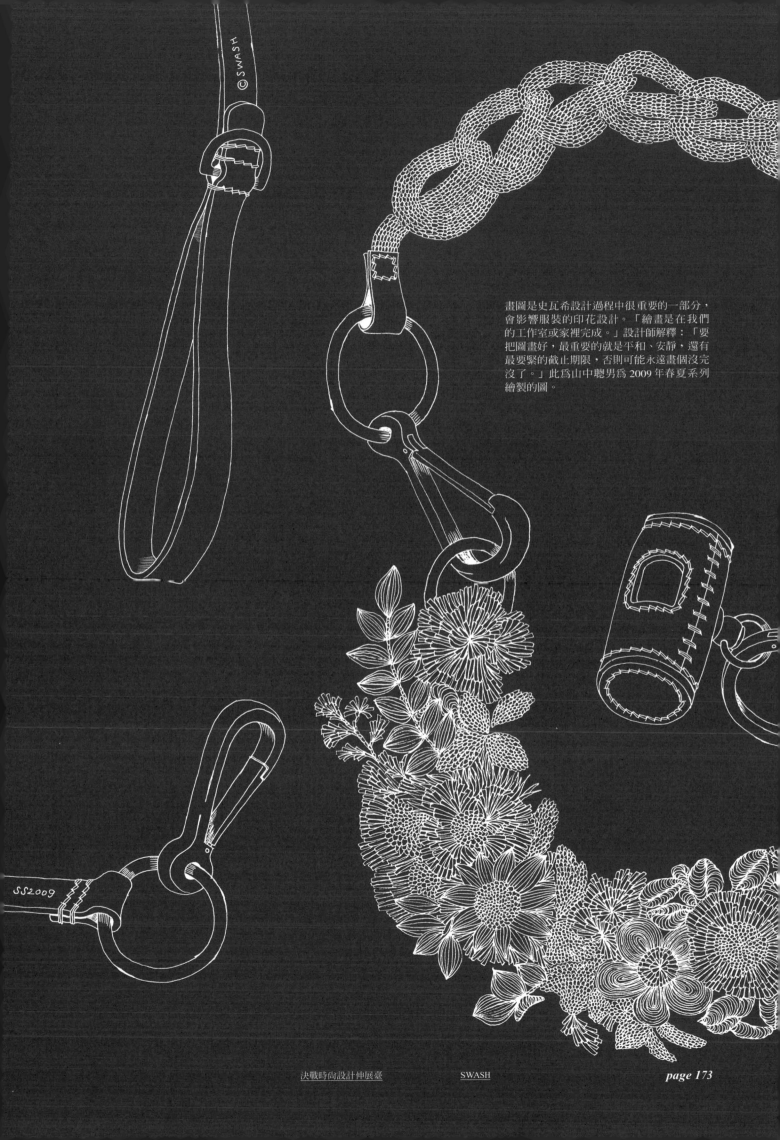

畫圖是史瓦希設計過程中很重要的一部分，
會影響服裝的印花設計。「繪畫是在我們
的工作室或家裡完成。」設計師解釋：「要
把圖畫好，最重要的就是平和、安靜，還有
最要緊的截止期限，否則可能永遠畫個沒完
沒了。」此爲山中聰男爲 2009 年春夏系列
繪製的圖。

**依你的工作方式，有沒有什麼用具是不可或缺的？**

我隨身攜帶速寫本（就是所謂的「原貌筆記本」），裡頭不僅收藏了我的速寫和想法，也是用來收集照片、小布塊與其他東西的外部抽屜。

**你如何描述自己的設計過程？**

我的設計過程會先從過濾日常的真實生活開始，包括我在城市穿梭的情景、對話、圖像、一種感覺的呈現、重要的造型或物品，或者有時只是一種顏色。我在繪畫或腦中記錄這些畫面。我會開始從雜誌蒐集圖片、上色，並將這些分散的收藏集結起來，收進筆記本或氛圍板上。我的系列系出同源，而且會持續流動。它們是不斷在發展的作品，也可視為一個完整的整體。

**在你的工作過程中，研究有何重要性？**

研究佔據我日常生活很大的一部分，因為它是持續發生的，多半都是不自覺地進行。我希望我的系列有個人色彩，因此不把私人生活與工作分割開來。我會靜靜觀察，像海綿一樣吸收。

**你最享受設計的哪一個部分？**

過程中的每個部分我都喜歡。每個部分都不同，也可能令人苦惱，得看心情而定。藝術家能奢侈地花時間等待一個想法成熟，但時裝設計師必須推動設計過程才能趕得上期限。我們是匠師，宛如機器中的螺絲釘，沒辦法奢侈地耗時等待，也不能讓自己的步調慢到拖累過程中的其他人，以免發生整個系列無法完成的大災難。

# TILLMANN LAUTERBACH

堤爾曼·勞特巴赫（**Tillmann Lauterbach**）出生於德國，在西班牙伊比薩島（**Ibiza**）長大。在德意志銀行任職兩年之後，2000 年，他明白自己真正的興趣在時尚，於是進入巴黎高等時裝設計學校（**ESMOD**）深造，2003 年取得時裝設計與打版文憑。他先在巴黎的「**Plein Sud**」時裝品牌工作，2005 年推出自己的品牌。勞特巴赫的設計哲學是要以最精緻的布料創造低調的服裝系列。

www.tillmannlauterbach.com

**一天中有沒有哪個時段，讓你最能發揮創意？**

我實際做設計、將概念形諸紙上，多半是在晚上發生的，因為這時電話不會響，我能在工作室中獨處。

**是否有什麼靈感來源，讓你總是一再探究？**

身邊有幾個密友是啟發我的靈感繆思。觀察他們、和他們相處，都讓我想為他們做出衣服。此外還有些偶然遇見的人，像是超級天才、聰明人等人物。若談到物品或風格，我想我一向喜歡簡樸、二手的東西。

**對你而言，在什麼樣的環境下工作最好？**

我可以在任何地方工作、睡覺，但獨自在我的避靜地點最自在，我有好幾處這樣的地方。我喜歡到西班牙工作，或是我成長的伊比薩島。

**在設計過程中是否有團隊參與？有的話，他們會做些什麼？**

服裝系列與配件完全是我自己設計的，但我會請私人助理做某些研究。我的密友、有情有義的家人也會給我展覽的目錄。每個系列都會以不同方式發生，有不同的人參與。

**你會不會經歷「靈光乍現」的一刻，知道作品能發展下去？**

設計過程中常出現令人心滿意足的情況。有時在孤單的時刻，拼圖會一片片歸位，於是系列的概念即將化為實體。而運用最終布料與副料製作出第一件衣服時，也是教人驚喜的神奇時刻。此外，服裝秀結束時，是一個疲憊卻奇妙的時刻，我會望著一張張讓服裝秀實現的臉龐，這些人確實造就了「我」。他們的愛與投入，讓這艘同舟共濟的船隻能夠揚帆航行。

勞特巴赫會運用抽象的參考來源當做服裝
系列的靈感。色彩、光線、質感都會影響他
的服裝設計。他自己拍攝的照片與繪圖便啓
發了 2008 年春夏系列。

1　2007 年春夏系列一件洋裝設計圖，靈感來
　源是設計師本人拍的照片。

2　設計師收集的拼貼與照片，描繪出 2007 年
　春夏系列的氛圍。雖然這些參考資料看似零
　散，但整合之後卻傳達出細膩的美學。

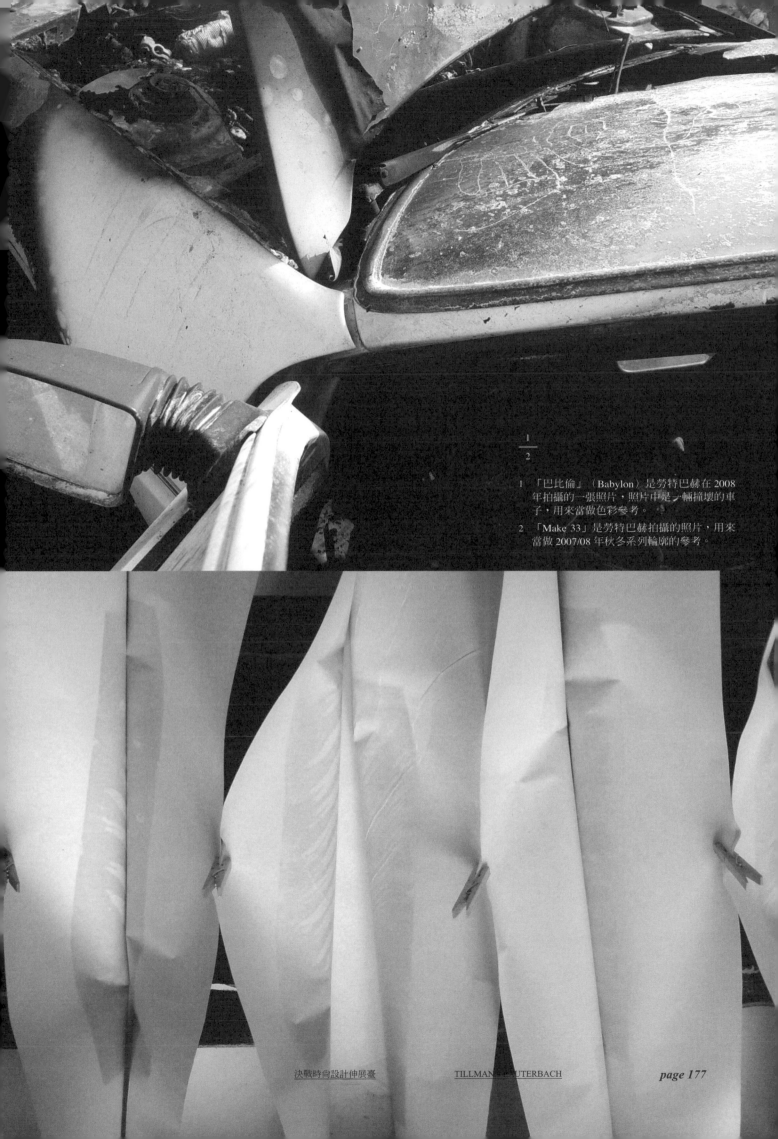

1  「巴比倫」（Babylon）是勞特巴赫在 2008
   年拍攝的一張照片，照片中是一輛撞壞的車
   子，用來當做色彩參考。

2  「Make 33」是勞特巴赫拍攝的照片，用來
   當做 2007/08 年秋冬系列輪廓的參考。

在這張抽象的建築照片中，空間、色彩、質感與氛圍，啟發了勞特巴赫的服裝系列靈感。

勞特巴赫的服裝採用細膩的布料與質感。設計師將布料收進本子，可隨時參考。

**你的設計流程是否有例行的程序？**

沒有，我的設計流程會不斷改變，也必須如此。

**你的設計過程是否會運用到攝影、繪畫或閱讀？**

會，以繪畫與閱讀爲主。

**對你而言，在什麼樣的環境下工作最好？**

在飛機上，或關在旅館房間不受打擾時。

**在你的工作過程中，研究有何重要性？**

研究來自任何事物：新聞、書籍、電影、旅行。研究是對世事的強烈回應，也是樂觀看待未來的態度。

# TIM HAMILTON

設計師提姆·漢米爾頓（**Tim Hamilton**）出生於美國艾荷華州，母親是黎巴嫩人，父親是英美混血兒。他在 2007 年成立自己的品牌，設計工作室設於紐約，作品銷售至全美、歐洲與亞洲門市。他曾連續三度（2007、2008、2009 年）榮獲美國時裝設計師協會提名，入圍施華洛世奇男裝獎。漢米爾頓體認到男裝市場缺少高檔運動服飾的區塊，因此決心填補這個空缺，是紐約男裝設計師新浪潮的重要人物。

**www.timhamilton.com**

**什麼會激發你的設計概念？**

任何地方都有激發的力量，無論是書本、剪報、電影畫面或是人。任何事物都可能啓發或激發概念。

**你如何描述自己的設計過程？**

我的設計過程步調很快，想法很多。設計過程是如何讓事物變得時髦的挑戰，而我也向來設法讓事物變得更簡單。這個過程的公式是：腦中概念、布料、速寫、原型、試裝、服裝秀。

**依你的工作方式，有沒有什麼用具是不可或缺的？**

白紙與簽字筆。我喜歡 Micron 05 代針筆，它的墨水可用在所有速寫與平面圖上。

**你是否會感受到「靈光乍現」的一刻，知道一項設計可以行得通？**

有時候會。但是在紙上構思的東西，未必能轉化到服裝上。

**一天中有沒有哪個時段，讓你最能發揮創意？**

睡不著的時候。

**是否有什麼靈感來源，讓你總是一再探究？**

布料。創新總是來自布料。

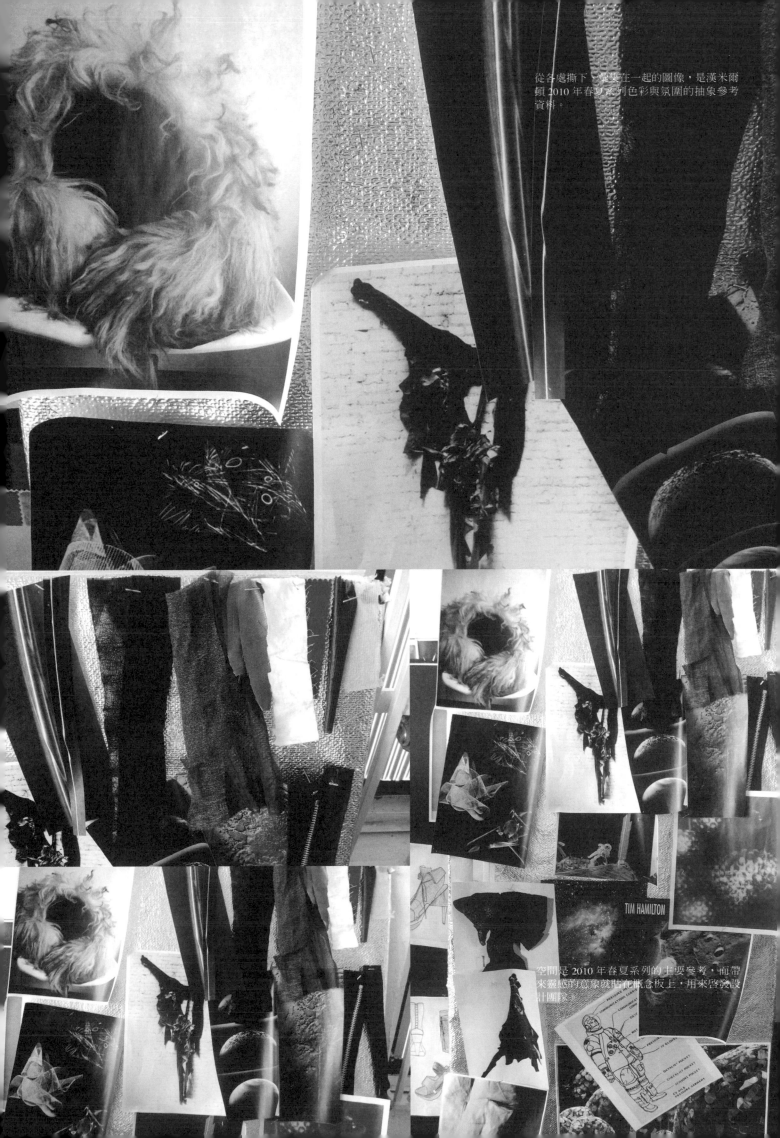

從各處撕下、彙集在一起的圖像，是漢米爾頓 2010 年春夏系列色彩與氛圍的抽象參考資料。

TIM HAMILTON

空間是 2010 年春夏系列的主要參考，而帶來靈感的意象就貼在概念板上，用來啓發設計團隊。

1 漢米爾頓將 2010 年春夏系列的平面線稿展
　示在工作室牆上，方便快速參考。
2 在人檯上試穿白色襯衫的試衣。

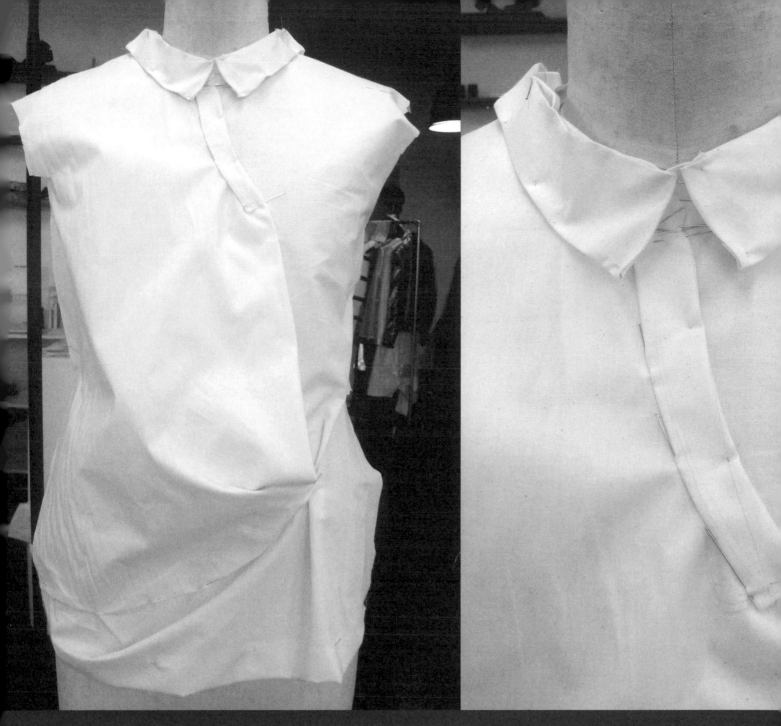

2010 年春夏系列一件轉印襯衫試衣的正面，
還在發展階段。

**什麼會激發你的設計概念？**

如果我不能創作，我會很不快樂。這股力量就夠了。

**是否有什麼靈感來源，讓你總是一再探究？**

我們會在生活中一再探究相同的事物，設計也不例外。你挖掘靈感之後，可以從不同角度看待，試著解構它，但基本上仍是處理相同的事情。不久之後，除非你特別天才，否則就會開始重複以前做過的東西。這時就是該前進的時候了。

**在你的工作過程中，研究有何重要性？**

研究很重要，也會發生在每一個層面：研究布料、廠商與技術，就跟研究設計一樣重要。

**對你而言，在什麼樣的環境下工作最好？**

在混亂的小角落。正如我曾經說過的，我認爲把事情加以顛覆是好事，所以好像非搞得亂七八糟不可。抱歉啦，小角落。

**你是不是會經歷「靈光乍現」的一刻，知道一項設計能行得通？**

時裝設計的過程比多數其他設計領域要複雜些，對於小型獨立設計師而言更是如此。完成的服裝就是產品本身。你可能會經歷「靈光乍現」的偉大時刻，然後把一切送到工廠，最後送回來的東西卻像一堆垃圾。相信每個設計師都經歷過這種可怕的歷程。因此，只有當個別元素能整合於同一件服裝或造型時，設計才算成功。

**在設計過程中是否有團隊參與？有的話，他們會做些什麼？**

當然有。我認爲在設計過程中讓團隊參與很重要。我每一季都會和一小批實習生工作，有些人會提出很好的想法，有些人不那麼厲害，但我會給每個人時間。若真有人打算不計代價地長期打拼，我一定會請他們提出概念來討論。這可能很單純，只是讓團隊針對某個特色、服裝進行投票，或者告訴我某個特殊的點子。這麼做的理由不光是對別人有好處。時裝設計和小型工藝設計師不同之處，在於前者需要集體合作的過程。如果無法放下自我，就無法讓品牌壯大。比方說，我很重視與造型師朱迪·邦恩斯（Jodie Barnes）的合作，會聽取他的意見。他從系列的最初始就會提出想法。我會給新手設計師的忠告之一，就是找個好的造型師。我很幸運，朱迪是其中的佼佼者。

# TIM SOAR

倫敦男裝設計師堤姆·索爾（Tim Soar）多才多藝，曾接受過音樂、平面設計與室內設計的訓練。2005 年他推出自己的時裝品牌，以極簡與前衛手法爲特色。索爾初試啼聲的服裝系列獲得倫敦潮店 B-Store 的青睞，第二個系列則獲得利伯提百貨公司（Liberty）的採購。索爾在設計服裝時，是以正式的現代男裝來思考，具有合身與結構優美的特點，他的服裝概念首重剪裁，並在設計中加入實驗性元素。

www.soar-london.com

**你的設計過程是否會運用到攝影、繪畫或閱讀？**

我的研究過程以兩種方式進行。第一，我大量收藏了各個時期的舊衣服，這和其他東西一樣，是我尋找氛圍的靈感來源。一旦氣氛建立好之後，我就會找照片來參考。第二，每一季開始的時候，我會做許多小試衣，研究不同的結構與技術細節。之後我把兩者用 Photoshop 結合成「速寫」，或用 Illustrator 繪圖。

**一天中有沒有哪個時段，讓你最能發揮創意？**

任何時間都可以。

**你的靈感來源為何？**

聽起來或許有點做作，但由於我年紀不小了，加上多年來涉獵設計與音樂的許多不同層面，所以建立了龐大的資料庫，時裝方面尤其如此。三十年來，我喜歡購買與穿著有趣的衣服，並樂此不疲。這些不同事物所蘊含的各種回憶，是我設計資料庫中的重頭戲。年輕人有的是精力，上了年紀就得靠經驗；你得憑著自己擁有的資產來設計。

**依你的工作方式，有沒有什麼用具是不可或缺的？**

電腦、網路與「CmdShft3」按鍵（將電腦畫面剪貼下來的指令）。說得更清楚些，我的許多研究都來自網際網路，尤其是 eBay。那是天賜的好東西，宛如世上最大的服裝博物館。

**你如何描述自己的設計過程？**

我的設計過程是研究氣氛、技術與量感。我不喜歡用「有機」這個字眼，但是這個過程的確是有機的（我找不出更好的字來形容了）。我的服裝系列會隨著整個設計與打樣階段而演化，通常得等到最後一刻，我才能後退一步，看清楚主題全貌及受到何種影響。

**你的研究與設計方式如何從平面轉變為立體？**

我會儘快採用立體的作法。對我來說，好的男裝就是要兼顧合身度、布料、設計概念與細節。越快進入立體，就越快知道設計概念是否能與其他要素配合。

索爾解釋：「插畫家保羅・戴維斯（Paul Davis）和我是多年好友。我佩服他能將人性的精髓，化為看似簡單的形象。我請保羅為我 2009 年春夏系列畫些圖，因為我想要一些和常見的照片不同的東西。」插畫者：索爾／戴維斯。

除了製作技術性的試衣之外，索爾也會用
Photoshop 做拼貼實驗。「這些拼貼並非直
接反映出日後服裝的模樣，而是用來取得整
體氛圍的概念。」此圖為 2010 年春夏系列
的外套概念。

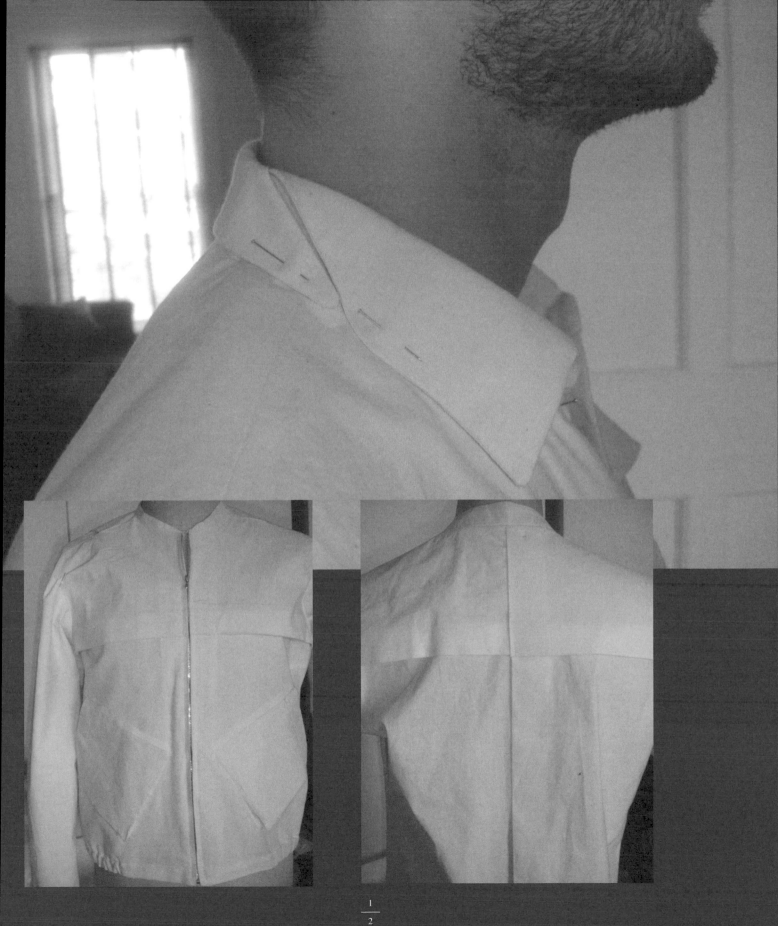

**什麼會激發你的設計概念？**

我在奧地利的格拉茲（Graz）求學，那是個充滿藝術氣息的小鎮，藝術電影比倫敦還多。當時是一九七〇、八〇年代，我是個好奇的年輕人，所以什麼都看。我認為這些影響停駐在我的記憶中，並持續用來當做靈感來源。

**在你的工作過程中，研究有何重要性？**

做研究是為了達成一種效果。比方說，你希望某個看起來透明的東西不要那麼透明，所以在背面印點東西，結果變出了新的布料。當你研究過去所創作的東西，會對以前的成就很驚訝。譬如撕扯與剪割的方式在過去有別的用途，但現今採用這樣的方式卻有了全新的意義。

**依你的工作方式，有沒有什麼用具是不可或缺的？**

軟芯鉛筆與紙張，這樣才能將腦海中出現的東西速寫下來，讓這些想法發聲。

**你如何描述自己的設計過程？**

起初總是從一個概念、造型出發，或諸如表面上的油漬之類的抽象東西，然後把在白棉布上把形狀剪下來，試著將它縫在一起。聽起來有點瘋狂，但最後確實能打造出一件衣服。這樣說起來很容易，當然實際情形比較複雜。這些形狀可以縫起來，而且會飄揚。一旦穿到人身上之後就有動感，有垂墜感，然後你繼續努力，讓它最後成為一件衣服。

**是否有什麼靈感來源，讓你總是一再探究？**

人體。穿衣服的最終目的是要看起來像裸體，展現性感、美麗，並表達自我。我喜歡欣賞甘斯博羅（Thomas Gainsborough，十八世紀英國肖像與風景畫家）等畫家所繪製的肖像畫，看看畫中主角，以及服裝如何向觀察者傳達訊息。

# VIVIENNE WESTWOOD

英國重量級設計師薇薇安・魏斯伍德（Vivienne Westwood）以充滿異議的先進時裝設計手法，影響了全球時裝產業。她與麥坎・麥克拉倫（Malcolm McLaren）合作，發明龐克風格而聲名大噪，她也不斷推動並質疑什麼叫做有品味、適當的當代服裝。她的夫婿安卓亞斯・克隆賽勒（Andreas Kronthaler）目前擔任該時裝品牌的創意總監，仍維持一貫前衛、聳動與大膽的設計手法。（編按：本篇訪談對象為創意總監安卓亞斯・克隆賽勒）

www.viviennewestwood.co.uk

**你會不會經歷「靈光乍現」的一刻，知道作品能夠發展下去？**

當然，而且這感覺美妙極了。要做出簡單的東西很不容易，但如果出現了容易組合的設計，又有神奇的絕佳效果，那麼一切辛勞都值得了。

**你的設計流程是否有例行的程序？**

一開始總是從抽象概念出發，並與了解流程的人分享，然後就會試著做出來。可能是立體剪裁，或者摺好之後放在自己身體上，看看它如何擺動。接下來是速寫，再製作試衣。試衣會在人體上試穿，並加以調整，以達到最佳效果。之後我會賦予這個款式一些功能，加上細節，但重要的是一定要記住這件衣服的特質何在，並保持敏銳。

**在設計過程中，是否有團隊參與？有的話，他們負責些什麼？**

我當然有設計團隊一同合作，他們會協助實現我的想法。我與許多年輕人共事，會鼓勵他們自由、順其自然地思考。

**你的研究與設計方式如何從平面轉變為立體？**

我完全以立體思考，一開始的嘗試就是立體的，因為我是馬上在人檯上做立體剪裁。對我來說，平面無法傳達出衣服穿在人身上所表現出來的樣貌，而立體服裝卻能在你眼前達到這一點，還可以直接修正，讓它更合身。

**你最享受設計的哪一個部分？**

我喜歡做服裝秀、打扮模特兒，並在準備服裝秀時和他們簡短互動。最困難的部分就是要花時間。我這人做事貪快，然而過程中需要仰賴許多不同的貢獻者與他們的技術，才能讓服裝完整，因此團隊合作很重要。團隊越好，這個歷程也越愉快。

**一天中有沒有哪個時段，讓你特別有創意？**

晚上等大家都下班之後，或早晨剛醒來時。我單獨一人的時候，想法就會湧現。

**對你而言，在什麼樣的環境下工作最好？**

我在活動時最能思考，尤其是走路時，因為我不用過度專注，所以更能敏銳感受到環境中不同的刺激。在這些情境之下，可能就會有點子出現了。

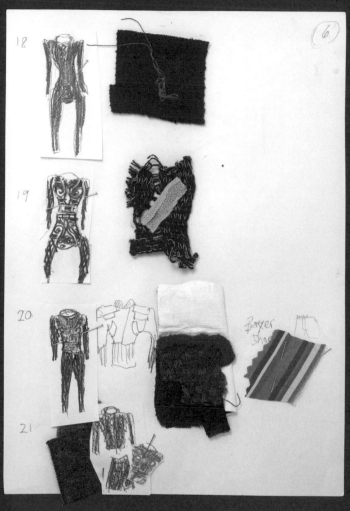

在 2009/10 年秋冬系列「+5°」中，一件以坏布製成的洋裝掛在人檯上做立體剪裁，原型的修改調整都直接在人檯上進行。等設計完善之後，服裝就會以最終的布料製作。

從這些分散的設計圖與小塊布樣，可以看出布料如何影響魏斯伍德服裝的設計。布料會層層相疊，傳達出整體的效果。所有設計速寫皆選自 2009/10 年秋冬系列「+5°」。

**你最享受設計的哪一個部分？**

每個步驟我都喜歡。我喜歡花時間研究，而每當我開始畫最後的速寫時，也會感到十分興奮。

**什麼會激發你的設計概念？**

我的圖書室、收集的公仔、民族部落與儀式，還有我喜歡的藝術家。

**你如何描述自己的設計過程？**

我的設計過程既自然又混亂。在進行其他商業系列與計畫的空檔時，我會一直思考要在沃特・凡・貝倫唐克的新系列做什麼。我會在隨身速寫本上收集想法（備忘錄），也會在腦海中打造出完整的外型，從頭到腳都包括在內，包含造型、選角與妝容。等我覺得時機對了，就會速寫、上色，把這些完整的造型形諸紙上。你可以從我的繪圖中發現，我畫的圖和伸展臺上最終的造型很接近。我試著動動腦，把研究轉化到剪貼簿上做成拼貼。我會結合文字與圖像，創造出我喜歡的氣氛，也會在剪貼簿上製作某種氛圍板。在過程的一開始，我會決定色彩（一切都經過專門染色），做出清楚的色卡，然後挑選布料、加以製作並印出印花。

# WALTER VAN BEIRENDONCK

比利時設計師沃特・凡・貝倫唐克（Walter Van Beirendonck）1980 年畢業於安特衛普皇家美術學院，1983 年以「施虐」（Sado）系列初試啼聲。1987 年，他和其他五名比利時設計師於倫敦展出服裝，人稱「安特衛普六君子」（The Antwerp Six）。凡・貝倫唐克最為人熟知的服裝特色在於繽紛的色彩運用，以及在幽默中融入普普文化、科幻小說與安全性行為等概念。他的設計口號為「親吻未來」（Kiss the Future），正好為他致力於創新、打造突破性的時裝，下了最好的註腳。

www.waltervanbeirendonck.com

**在你的工作過程中，研究有何重要性？**

對我來說，研究是走走看看、參觀博物館、看展覽、讀書、上網。什麼都可能成為靈感來源。我的大寶庫是一間龐大的圖書室，裡頭的藏書數以百計，許多是關於民族部落與儀式。這裡總有東西可以吸引我，之後能演變成整個系列的主題或故事。

**你的靈感來源為何？**

一切，包括雜誌、書籍、電影與展覽。此外，我也會為靈感來源拍照。我會把照片印出來，並製作成小小的靈感筆記本，當做備忘錄。

1　他的插畫與設計過程是合而為一的，能記錄並傳達出服裝系列的幽默、色彩與能量。此處的插畫屬於 2008 年春夏系列「性小丑」（Sexclown）。

2　1996/97 年秋冬系列「奇境」（Wonderland）中，「古怪國王」（Kinky Kings）的設計。

3　1996/97 年秋冬系列「奇境」中，「熊」（Bears）的概念打扮。

4　設計師在 2000 年春夏的「性別？」（Gender?）系列，探索他常見的主題。

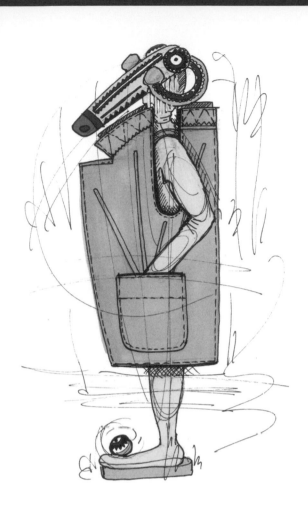

2004/05 年秋冬系列「雲霧星球」（Cloudy Stars）的一幅插畫。

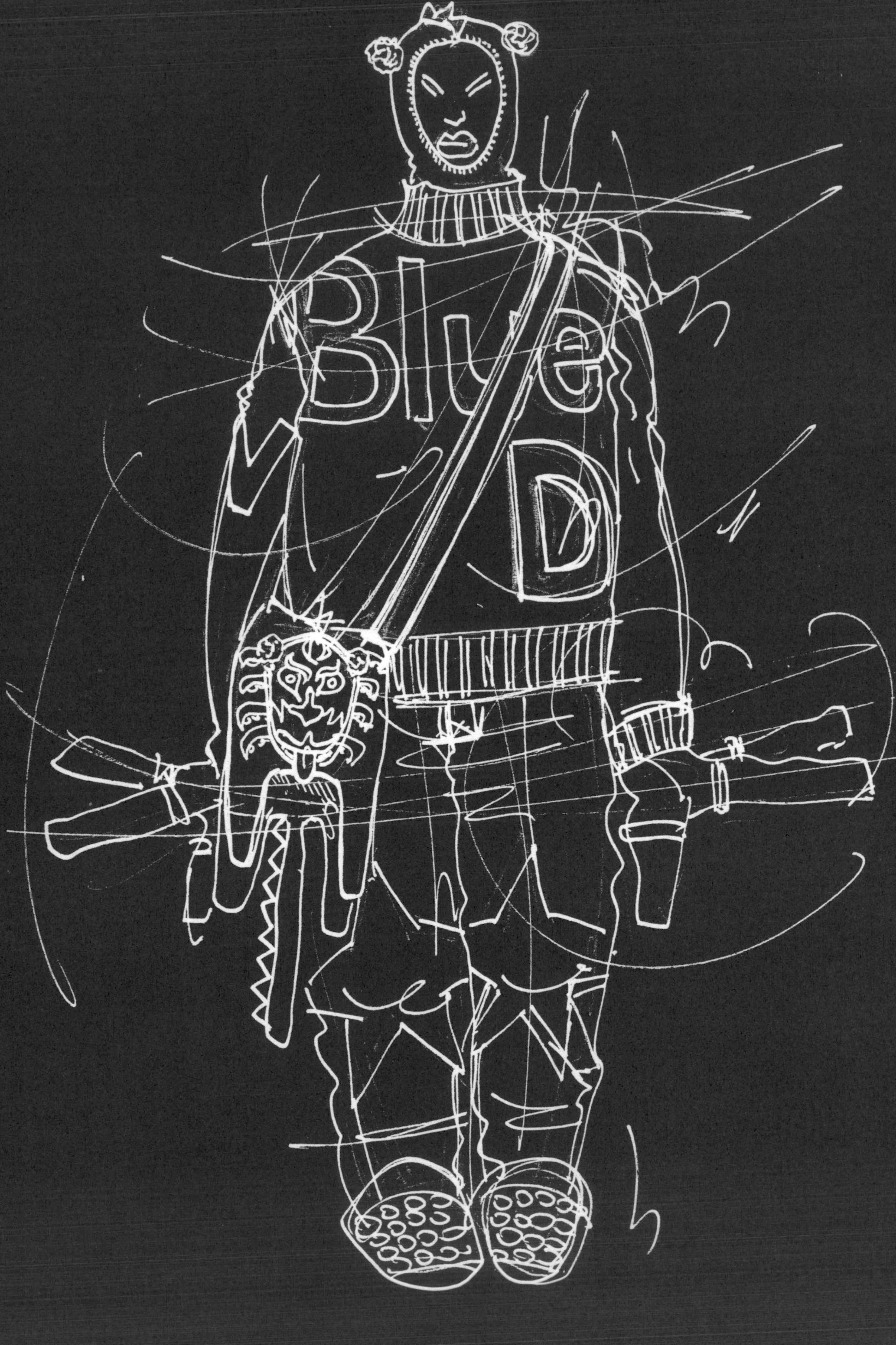

1 │ 2

1　1996/97 年秋冬系列「奇境」剪貼簿中的
　　一頁，顯示設計師如何將啓發他的意象結
　　合起來。屬於沃特・凡・貝倫唐克設計的
　　W&LT 品牌（Wild & Lethal Trash，意爲狂
　　野且致命的廢物）。

2　1997 年 春 夏 系 列「歡 迎 小 陌 生 人 」
　　（Welcome Little Stranger）剪貼簿中的一頁，
　　屬於沃特・凡・貝倫唐克設計的 W&LT。
　　番茄頭雕像是當代藝術家保羅・麥卡錫
　　（Paul McCarthy）的藝術作品。

**一天中有沒有哪個時段，讓你特別有創意？**

深夜或凌晨，這時我會反省一切，不光是創意思維，還有整體生活。

**依你的工作方式，有沒有什麼用具是不可或缺的？**

我總是用 6B 鉛筆畫在奶油包裝紙上。時間久了之後，紙張會泛黃，讓繪圖呈現出一種個性。我也喜歡它脆脆的質樸質感，很輕盈又容易操作。

**你如何描述自己的設計過程？**

多半是非常個人的過程，讓我深度投入事物的狀態，同時創造出的作品能反映我自己、社會與現實，相對於新奇、過去與現在。我的主要目的是為作品創造出內在的情感，有靈魂，對我也有意義。

**你的設計流程是否有例行的程序？**

我相信設計過程必須是有機的，沒有限制，背後也不該有方法論。

**在設計過程中，是否有團隊參與？有的話，他們負責些什麼？**

當然有，每個時裝公司都需要團隊。就我的情況而言，我不會把東西送出去打樣，從打版、剪裁到縫製都在內部完成。打樣過程對我很重要，因為我深信這個過程能讓作品帶有某種手感，其他地方是複製不來的。

**你的設計過程是否會運用到攝影、繪畫或閱讀？**

我的設計過程包括許多活動，但主要還是得依時限與功能而定。閱讀、繪畫與攝影都是過程的一部分。有時候，我會在打樣階段把每一件衣服拍照，如此有助於了解整個系列，能有更全面的想法，知道這個系列想要達成什麼。這也可能影響接下來的幾件服裝，而我會設計、製作能互補的衣服，或者是具有對比觀點的作品，以打破整個系列的流暢性。這些都會影響最終系列的理想樣貌，以及其代表的意義。

# WOODS & WOODS

蕭建國（Jonathan Seow）曾在新加坡萊佛士設計學院（Raffles Design Institute）唸時裝設計。1997 年尚未畢業之際，已在星島另一家國際時裝品牌「Song & Kelly」任職。2001 年，蕭建國成立品牌伍茲與伍茲（Woods & Woods），在首爾、東京、巴黎、柏林、香港與澳洲皆曾展出服裝系列，發展出亞洲獨有的乾淨與現代美感。蕭建國是新加坡當代設計師新浪潮的急先鋒，並將服裝呈現在國際舞臺。

**在你的工作過程中，研究有何重要性？**

研究幫助提出理性的形式與意義。多數時候，研究會讓我的作品更真實，模糊現代大量生產與手工製品之間的界線，也讓我能在伸展臺走秀與媒體之外為服裝留下印記。工作過程首先從直覺開始，接著出現氛圍，然後是布料與形式。我的研究過程通常在第二階段發生，這時我會試圖尋找正確的情緒，以表達出當下的直覺。我的直覺源自於對事物現狀的回應。氛圍與研究能幫助我建立更強烈的聲音，將想法往前推動。

**對你而言，在什麼樣的環境下工作最好？**

通常我上班時間會在工作室，週末則在我房間。對我來說，最好的環境就是心靈處於自由的狀態。我身在何處並不重要，但是在美好的早晨吃一頓早餐絕對有幫助。

**你最享受設計的哪一個部分？**

研究若能超越服裝系列，讓你變成更好的人，那麼就有意義了。這也可以表示你學了之前並未完全察覺的新事物，在處世與文化層面能拓展你對人生的觀點。如果你想透過設計衣服讓研究化為具體成果，並把文字與思想化為立體物件，使之成為有遮陽防寒等功能的衣服，這時挑戰就會出現了。

**你的靈感來源為何？**

我看電影是為了暫時忘卻設計，但是電影可以打動我的情感，因此在我思考、研究人性的主題時，自然而然能帶來啟發。同樣的，書本也為變動不居的社會留下很好的紀錄。身為一名設計師與一個人，這些事物對於形塑我的思想都非常重要。

**你的研究與設計方式如何從平面轉變為立體？**

從平面到立體的神奇轉變，或許會發生在設計過程的第三階段，這時布料與形式出現，於是將所有選項與可能性變成具備某種造型、剪裁、立體剪裁與功能性，以對抗現實中的技術障礙和執行議題。這是製作服裝的核心所在。

伍茲與伍茲的工作室，可看出 2009/10 年秋冬系列服裝樣品、靈感牆、故事板。攝影：林方榮（Mark Lim）。

故事牆上主要為 2008 年春夏系列與 2006/07 年秋冬系列款式。攝影：林方榮。

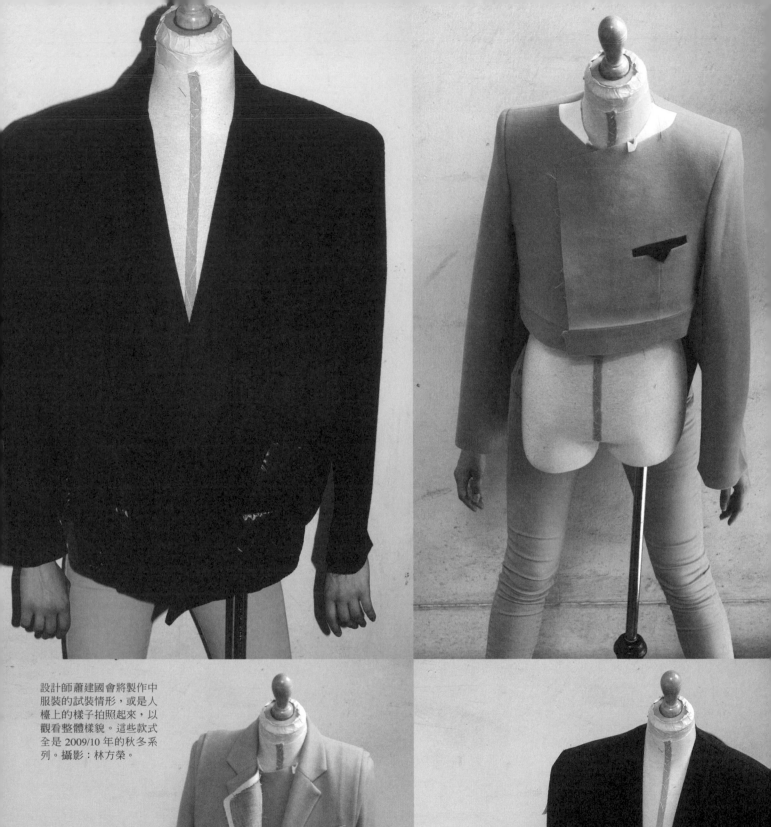

設計師蕭建國會將製作中
服裝的試裝情形，或是人
檯上的樣子拍照起來，以
觀看整體樣貌。這些款式
全是 2009/10 年的秋冬系
列。攝影：林方榮。

圖中的襯裡布樣會用來
製作訂製服飾。攝影：
林方榮。

設計師的速寫本中，2009/10年秋冬系列「比小說還怪異」（Stranger than Fiction）。

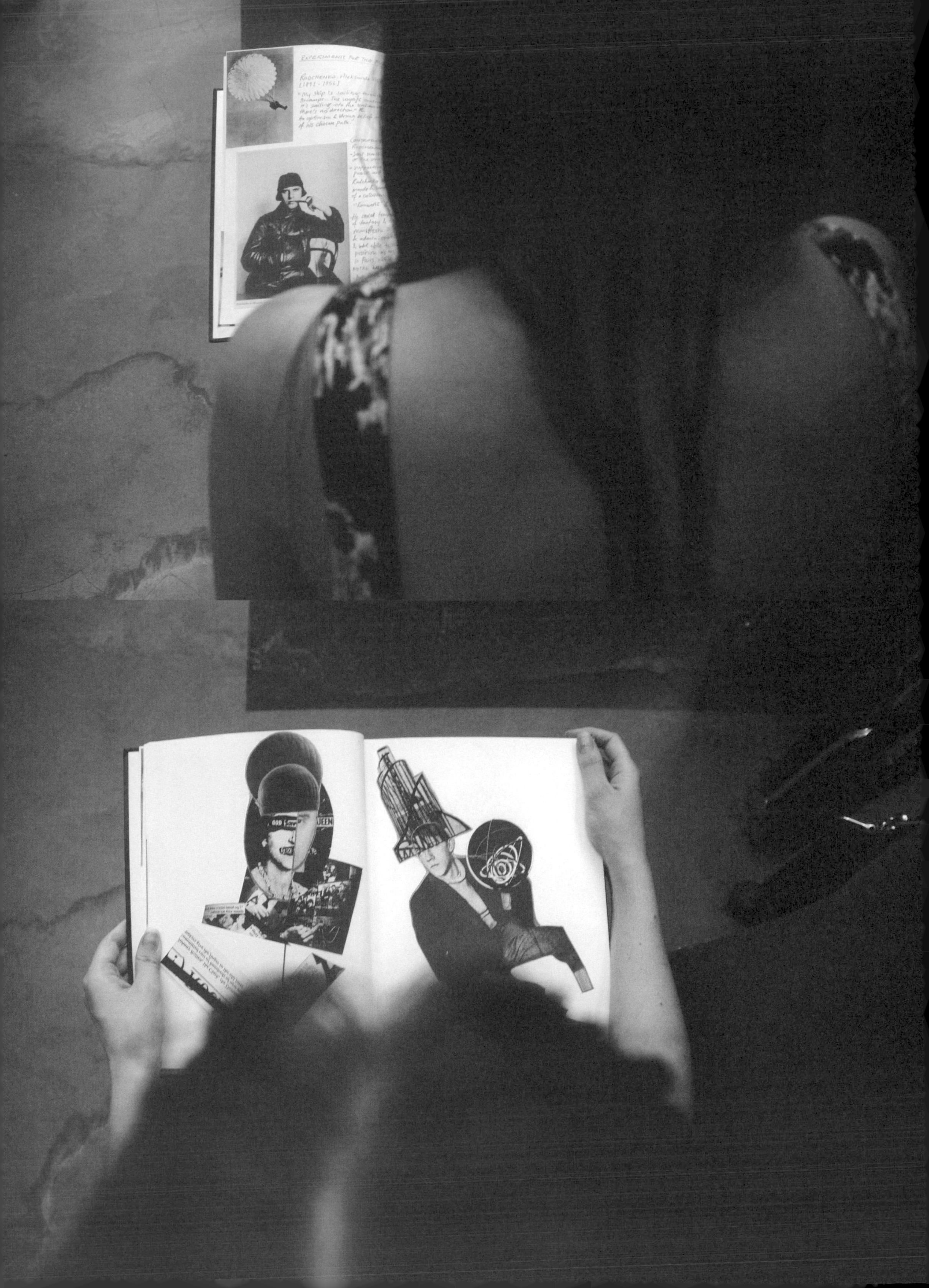

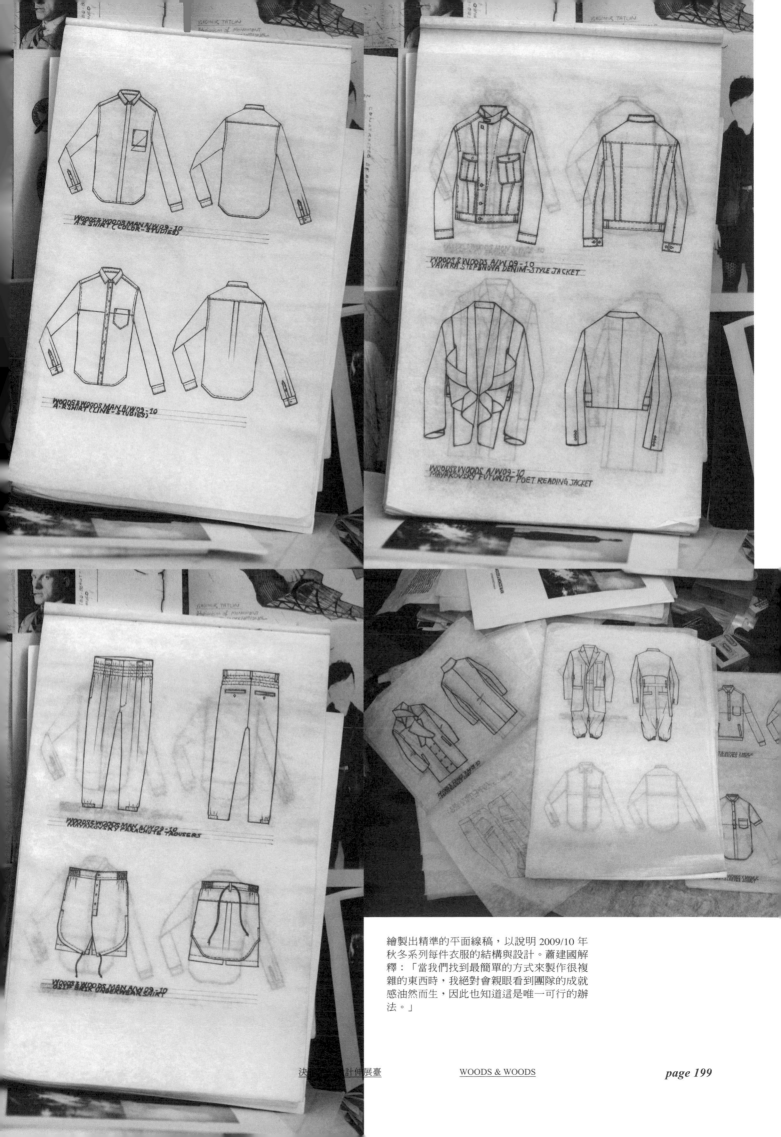

繪製出精準的平面線稿，以說明 2009/10 年秋冬系列每件衣服的結構與設計。蕭建國解釋：「當我們找到最簡單的方式來製作很複雜的東西時，我絕對會親眼看到團隊的成就感油然而生，因此也知道這是唯一可行的辦法。」

# YOHJI YAMAMOTO

山本耀司（**Yohji Yamamoto**）1943 年出生於東京，原本唸法律，後來進入文化服裝學院就讀。一九七〇年代初期，他首度推出女裝系列，並發展出獨特的服裝設計手法。

　　許多人認為，山本耀司的時裝設計手法是「反時尚」，他創造出的時裝具有雕塑性、不對稱與大尺寸的特色，不僅層次多，而且是素樸的單色調。他所受的影響相當多樣，從傳統的日本原住民服飾，到穿著日常服飾的德國鄉村工人照片皆包括在內，還有制服與工業工作服。

　　山本耀司最具原創性的「外型」是從龐克風格衍生而來，但同時帶有和服色彩，希望為此樣式賦予新力量。「有時候我的服裝有點難穿。你必須具備某種意志力，因為我的服裝完成時並非完美無瑕，而是有一點點未完成，所以穿的時候要有下定決心的精神。」山本耀司解釋：「我幫助女性移動、行動、走路、舉止自然。我最喜歡在身體與衣服之間留下空白或空氣。這麼一來，行為舉止或輪廓才會更美，我喜歡這樣。」

　　山本耀司融合傳統日本服飾的影響（例如和服與和服帶），以及現代西方時裝成衣，因此能打造出既經典又富有感官性的服裝。「我希望透過時裝來反時尚，因此總是走自己的方向，與時尚平行。如果不喚醒沉睡的東西，你頂多只是因襲別人走過的路。」

　　山本耀司是公認的優秀畫家，曾創作過一本插畫筆記《**Talking to Myself**》（自言自語），書中探索他本人與團隊的設計手法，穿插著時尚攝影師尼克・奈特（**Nick Knight**）與彼德・林德伯格（**Peter Lindbergh**）的作品。山本耀司透過「自言自語」，以及與哲學家鷲田清一（**Kiyokazu Washida**）談論他自己和所創造的東西，極力傳達他對服裝的態度。

　　山本耀司「反時尚」的態度很具突破性。他的色彩運用與造型手法，引發了時尚界對於何謂美麗的新疑問，而他服裝的原創性和手感風格，更是備受推崇。

www.yohjiyamamoto.co.jp

2001 年春夏季服裝秀的後台。攝影：保羅‧羅佛西（Paolo Roversi），為山本耀司《Talking to Myself》拍攝。

2002/03 年秋冬服裝秀之前，山本耀司的設計團隊在後台工作，為服裝定裝。攝影：多娜塔‧溫德斯（Donata Wenders）

山本耀司在 2001 年春夏系列服裝秀之前，
為模特兒調整服裝。攝影：保羅・羅佛西，
為山本耀司《Talking to Myself》拍攝。

$\dfrac{1}{\dfrac{2}{3}}$

1 設計速寫可看出發想中的概念。

2 下迫女士（Shimosako，音譯）辦公室的精準複製圖，她是山本耀司東京工作室的主管，拍攝時間為 2005 年四月。照片版權：蓋爾・雅姆札拉（Gael Amzalag），為山本耀司 2005 年於巴黎時尚織品博物館（Musée de la Mode et du Textile）舉辦的「只是衣服」（Juste des vêtements）展覽拍攝。

3 衣架上是 2003 到 2005 年之間製作的試衣。這些都是發展中的設計，有些從未進入生產階段。

# ACKNOWLEDGMENTS

感謝所有優秀的設計師與其團隊協助完成本書，慷慨提供未曾出版過的原始資料，同意記錄下他們的創意過程，並貢獻寶貴的時間接受訪談。能看到繪圖、速寫本、製作中的作品、舊作檔案、設計工作室與幕後花絮，實在相當榮幸。

感謝羅倫斯金（Laurence King）出版社的每一位成員，還有本書的製作團隊：海倫・羅徹斯特（Helen Rochester）、約翰・傑維斯（John Jervis）、凱薩琳・胡柏（Catherine Hooper）與路易斯・吉爾（Lewis Gill）。謝謝琳賽・梅（Lindsay May）超強的組織能力與技術。誠摯感謝雙人創意工作室（ByBoth）精湛的美術編輯，他們永遠能找到最適當的解決方案。最後要謝謝中央聖馬丁學院的每一個人，這所優秀的藝術學院，總是不斷帶給我動力與啓發。

MA0029

# 決戰時尚設計伸展臺
## 全球時尚產業的靈感工場
### FASHION DESIGNERS' SKETCHBOOKS

| | |
|---|---|
| 作　　　者 | 海威爾·戴維斯 (Hywel Davies) |
| 譯　　　者 | 呂奕欣 |
| 美 術 設 計 | 羅心梅 |
| 總 編 輯 | 郭寶秀 |
| 責 任 編 輯 | 蔡雯婷 |
| 協 力 編 輯 | 吳佩芬 |

| | |
|---|---|
| 發 行 人 | 涂玉雲 |
| 出　　　版 | 馬可孛羅文化 |
| | 104 台北市民生東路 2 段 141 號 5 樓 |
| | 電話：02-25007696 |
| 發　　　行 | 英屬蓋曼群島商家庭傳媒股份有限公司城邦分公司 |
| | 台北市中山區民生東路二段 141 號 2 樓 |
| | 客服服務專線：(886)2-25007718; 25007719 |
| | 24 小時傳真專線：(886)2-25001990; 25001991 |
| | 服務時間：週一至週五 9:00 ～ 12:00；13:00 ～ 17:00 |
| | 劃撥帳號：19863813 戶名：書虫股份有限公司 |
| | 讀者服務信箱：service@readingclub.com.tw |
| 香港發行所 | 城邦（香港）出版集團有限公司 |
| | 香港灣仔駱克道 193 號東超商業中心 1 樓 |
| | 電話：（852）25086231 傳真：（852）25789337 |
| | E-mail：hkcite@biznetvigator.com |
| 馬新發行所 | 城邦（馬新）出版集團 |
| | Cite (M) Sdn. Bhd.(458372U) |
| | 11 Jalan 30D/146, Desa Tasik, Sungai Besi, |
| | 57000 Kuala Lumpur, Malaysia |
| | 電話：（603）90563833 傳真：（603）90562833 |
| 輸出印刷 | 前進彩藝有限公司 |
| 初 版 一 刷 | 2012 年 8 月 |
| 定　　　價 | 880 元（如有缺頁或破損請寄回更換） |

國家圖書館出版品預行編目資料

決戰時尚設計伸展臺：全球時尚產業的靈
感工場 / 海威爾．戴維斯 (Hywel Davies) 著
；呂奕欣譯 . -- 初版 . -- 臺北市：馬可孛羅文
化出版：家庭傳媒城邦分公司發行 . 2012.08
面； 公分 . ──（Act：MA0029）

譯自：Fashion designers' sketchbooks
ISBN 978-986-6319-49-5（平裝）

1. 服裝設計 2. 服裝設計師 3. 訪談

423.2　　　　　　　　　101013024